Claus Eurich
Die Megamaschine

Claus Eurich
Die Megamaschine

**Vom Sturm der Technik
auf das Leben
und Möglichkeiten
des Widerstands**

Luchterhand
Literaturverlag

Lektorat: Klaus Roehler

Umschlagentwurf: Max Bartholl
Umschlagabbildung: Max Ernst, Naissance d'une
galaxie, 1969. © VG Bild-Kunst, Bonn, 1988
Satz: Uhl + Massopust, Aalen
Druck und Bindung: Ebner Ulm
Printed in Germany
ISBN 3-630-86672-7

Inhalt

Widerstand ist nötig – Widerstand ist möglich

Für Ernest Jouhy
(29. Juli 1913–18. Mai 1988)

Vorbemerkung

Das Thema dieses Buches – Bedrohung und Widerstand – beschäftigt und bewegt mich seit Jahren. In vielen Universitätsseminaren, auf Akademie- und Vortragsveranstaltungen kristallisierte sich immer wieder die eine Frage heraus: Was können wir denn tun?

Die wachsende Hochrüstung, Atomunfälle, chemische Verseuchungen ungeheuerlichen Ausmaßes, eine irrwitzige Genforschung und die Pläne zur Computerisierung unserer Gesellschaft wiesen zumindest der Antwort-Richtung den Weg: *Diese* neue Qualität der Bedrohung allen Lebens erfordert auch eine neue Qualität der Gegenwehr und des Widerstands.

Ich habe zahllose Diskussionen mit Freunden und Kollegen darüber geführt, wie diese zunächst wenig konkrete Aussage inhaltlich zu füllen sei. Langsam verdichteten sich die Gedanken.

Für viele Hinweise, die sich aus wenigen Gesprächen ergaben, danke ich Robert Jungk. Seiner unerschütterlichen Hoffnung und seinem Lebensmut kann man sich nicht entziehen.

Die erste Fassung des Manuskripts haben meine Freunde Wolfgang Petkewitz und Wilhelm Steinmüller kritisch gegengelesen. Ich verdanke ihnen zahlreiche überaus wichtige Hinweise, Klarstellungen und weiterführende Gedanken.

Der Begriff »Megamaschine« entstammt dem Werk »The Myth of the Machine«, das Lewis Mumford 1966 veröffentlichte.

Münster, Februar 1988

Einführung – oder Leben heißt Widerstehen

»Wir sind die erste Generation, die sich keinen Fehler mehr leisten darf.«

Olof Palme, der ehemalige schwedische Ministerpräsident, sagte dies kurz vor seinem Tod.

Das Gleichgewicht des Schreckens in Form der zigfachen Vernichtungsmöglichkeit allen Lebens auf der Erde ist an seiner Basis unterspült. Wenige zusammentreffende Umstände können dieses »Gleichgewicht« ins Rutschen bringen – vergleichbar dem Unwetter, das stündlich wieder zerschundene Alpenhänge in todbringende Schlammlawinen verwandeln kann. Der atomare Rüstungswahn ist jedoch nur eine Facette der Problem- und Krisenkonvergenz, die in der Geschichte ohne Vorbild ist. Von der umfassenden Zerstörung menschlicher Lebensbedingungen, Lebenserwartungen und Lebenshoffnungen bleibt kaum etwas ausgenommen.

Fünf zentrale Lebensprinzipien sind betroffen:

1. Das Prinzip des menschlichen Maßes und der kritischen Größe

Wir überschauen und verstehen die von uns entwickelten Strukturen nicht mehr. Wir haben die Vorstellung von dem verloren, was uns real, jedoch begrifflich verschleiert umgibt. Die Mythen der Informationsgesellschaft und des Computerzeitalters sind Beispiele dafür. Alle reden darüber, und kaum einer weiß, worüber er redet. Gleichzeitig beherrschen wir die errichteten Strukturen nicht mehr. Die Grenzen der Steuerbarkeit sind überschritten. Wir befinden uns im Prozeß progressiv fortschreitender gesellschaftlicher Entropie.

2. Der Vorrang des Humanen vor dem Technischen und Strukturellen

Technische Superstrukturen mit einer ungeheuren

Systemkomplexität erlangen eigendynamische Qualität. Der sogenannte Sachzwang erlaubt nur noch Steuerung als funktionale Regelung bei gleichzeitiger Unterordnung des Nicht-Maschinellen.

3. Das Lebensprinzip als Naturprinzip

Wir greifen in die Entwicklung unserer Art ein. Wir manipulieren den Prozeß der Evolution bzw. beginnen, Evolution zu steuern. Der Mensch selbst wird in das Maschinenmodell integriert. Von der modernen Medizin, die den menschlichen Körper mit check up's, »Schmierstoffen« und dem Austauschen von »Ersatzteilen« behandelt, bis zur Gentechnologie führt eine durchgezogene Linie.

4. Das Lebensprinzip als Überlebensprinzip

Die Selbstvernichtung durch Waffentechnologien, etwa durch einen Computerfehler, wird zunehmend wahrscheinlicher; nüchtern betrachtet spricht wenig dagegen. Selbst eine systemimmanente Analyse müßte zu dem Schluß kommen, daß wir von Geisteskranken regiert scheinen.

5. Die Komplementarität mit der Natur

Aus der Tierwelt haben wir ein Schlachthaus gemacht. Aus dem Kreislauf der natürlichen Umwelt saugen wir die Kraft zu ihrer Regenerationsfähigkeit. Wir rauben mehr, als wir hinzutun. Was wir »hinzutun«, wirkt meistens zusätzlich systemgefährdend (Umweltverschmutzung).

Natürlich ist diese Entwicklung nicht eindimensional verlaufen, und sie war und ist auch nicht frei von Widersprüchen. Doch die Dialektik des Fortschritts – und das ist der rote Faden in der Geschichte – hat sich zumeist als eine negative, als eine zerstörerische Dialektik erwiesen.

Die zivile Nutzung der Atomtechnik etwa befreit

potentiell. Sie befreit von der Angst um eine ausreichende Energieversorgung. Die Kehrseite: schleichende Selbstvernichtung und Atomstaat-Strukturen.

Die Atombombe und ihre Anhäufung in den Arsenalen der Vernichtung befreit gewisse Leute von der Angst vor konventionellen Kriegen. Der negative Überhang als Wahrscheinlichkeit des globalen Holocaust ist bekannt.

Die Informations-, Kommunikations- und Computertechnologien befreien von lästigen Routinen und auch von inhumaner Arbeit. Sie effektivieren die Industriegesellschaft und rationalisieren die Rationalisierung. Die Vernetzung von Jedem und Allem, der Glasfaser-Computerstaat als Kontroll- und Überwachungsstaat, Entsinnlichung und hochgradige Entfremdung, auch von uns selbst, sind die Schattenseite.

Die Gentechnologie befreit manche Zeitgenossen von der Angst um unperfektes Leben und hinreichende Versorgung. Als Preis geben wir die natürliche Basis der Reproduktion auf und begeben uns ins Labor.

Problemverschärfend ist, daß die einzelnen Technologien ineinander übergehen, in der Konvergenztechnologie verschmelzen. So sind moderne Atomkraftwerke und atomare Waffensysteme ohne Computersteuerung und ohne informationstechnische Infrastruktur etwa auf Glasfaserbasis nicht denkbar. Und Gentechnologie, Molekularbiologie, Biochemie und Computertechnologie nähern sich, u. a. mit dem Ziel molekular basierter Computersysteme, mehr und mehr aneinander an. Das menschliche Gehirn und die menschlichen Sinne sollen auch von innen manipulierbar und teilweise ersetz- bzw. austauschbar werden.

Das also ist die Situation: Atomkrise, Waffenkrise, Informationskrise, Evolutionskrise, Umweltkrise. Und alles hängt mit allem zusammen, schreitet voran, eskaliert.

Die Abkürzung dieser Entwicklungen lautet: Überlebenskrise.

Die herrschende Politik hastet ratlos durch den Urwald der Bedrohung und mit einem Unverständnis, das nicht allein mit den Schranken instrumenteller Vernunft zu erklären ist. Allerdings muß gesehen werden: die heutigen Parlamente und vor allem die Parlamentarier sind hoffnungslos überfordert. Über alles entscheiden zu müssen und dabei über vieles, das selbst die Experten nicht verstehen, auch das endet schnell in Abgebrühtheit, Ignoranz und natürlich in einer alles überdeckenden, ungeheuren Geschäftigkeit. Dort, wo kein Weg mehr an der Erkenntnis vorbei führt, daß die Problemlage selbst extrem bedrohlich ist, wird nach alter parlamentarischer Mehrheitstechnik das Extreme verdrängt. Funktioniert selbst die Verdrängung nicht mehr, werden Sündenböcke gesucht: Menschen und Menschengruppen, manchmal ganze Staaten und Regierungen werden mit dem Problem identifiziert. Aus einer extremen Problemlage werden auf diese Weise Extremisten konstruiert, die man mit Schuld belegen kann und die sich im Gegensatz zum Problem selbst mit den Mitteln der »klassischen« Politik, insbesondere denen des Innenministers, bekämpfen lassen. Schließlich gefährden Extremlagen immer die Stabilität von Herrschaft, dürfen deshalb nicht sein, bzw. den Beherrschten nicht bewußt werden. Und noch immer war in der Geschichte der Erhalt der Herrschaft wichtiger als das Wohl der Menschen.

Politik und Politikfähigkeit im traditionellen Sinne funktionieren also nicht mehr. Mit dem eindimensionalen Machbarkeitsverständnis des 19. Jahrhunderts, daß durch Technik Verursachtes auch mit Technik zu steuern und zu kontrollieren sei, und mit der Problemlösungsmentalität des mittelalterlichen Handwerks läßt sich keine der Bedrohungen verstehen, geschweige denn bekämpfen.

Und die Nicht-Parlamentarier?

Wir beobachten die Erosion menschlicher oder besser: natürlicher Vernunft quasi von außen, unbeteiligt – mit Interesse zwar, denn man ist im Spiel, doch nur als Komparse. Es ist fast so, als ginge uns alles nichts an, auch wenn es manchmal, wie im Falle Tschernobyl oder bei der Rheinverseuchung, emotional berührt. Handlungsmöglichkeiten einzelner scheinen de facto nicht mehr zu bestehen, das ist spürbar. Oder worin besteht nach Tschernobyl die Chance der Eltern, Vorsorge zu treffen vor dem nächsten GAU? Etwa darin, den Sandkasten der Kinder in den strahlensicheren Keller zu verlegen? Oder was soll die um den Frieden besorgte Großmutter tun, wenn sich die USA aus SALT II verabschieden, um ungehemmt aufrüsten zu können, und ihr Verhalten damit rechtfertigen, es könne die Abrüstungsverhandlungen in Genf fördern? Soll sie schreien oder auf ein Wunder warten?

Nach Ansicht des Computerwissenschaftlers Weizenbaum sind Wunder sicher, und es gilt, sich auf sie vorzubereiten. Streiten wir nicht über die unerhebliche Frage, ob Wunder wirklich sicher sind. Wir haben keine andere Chance, als darauf zu hoffen und etwas dazu zu tun. Manche Wunder wollen angestoßen werden.

Keine Zeit mehr haben wir für halbherziges Handeln, für feige Kompromisse, für Versuche, Dinge miteinander zu versöhnen, die nicht mehr versöhnbar sind. Jeder weitere Versuch, der Rüstungspolitik, der Atompolitik und großen Teilen der Technologiepolitik mit Verständnis gegenüberzutreten, hieße Legitimierung der Kräfte, die das Ganze gefährden. Es hieße Verantwortungslosigkeit im Umgang mit der verbleibenden Zeit.

Eine kompromißlose Auseinandersetzung mit den Destruktivkräften konzentriert sich sinnvollerweise auf die Punkte, an denen die Konflikte am ausgeprägtesten sind. Dort gilt es zu widerstehen und das sich Entwickelnde zunächst zu blockieren. Wo etwas blockiert wird, bahnen sich Abzweigungen. Zweifel an der Wahrheit, für die wir kämpfen, sind da nicht mehr angebracht. Der Kampf richtet sich gegen die Zerstörung und hin zum Leben.

Dorothee Sölle: »Wir brauchen eine Ermutigung, die über unseren Mut hinausgeht, eine Wahrheitsvergewisserung, die über die Stückchen Wahrheit, die wir als befreiend erleben, hinausleuchtet. Wir brauchen die Gemeinschaft derer, die ihr Leben als Christen im Widerstand begriffen haben, der Ohnmacht zum Trotz. [. . .] Wir müssen ein Stück der Wahrheit unseres Lebens *jetzt* leben. In diesem unverschiebbaren Jetzt liegt der Wahrheitskern des Anarchismus.«[1]

In Deutschland muß eine solche Aussage zunächst Empörung hervorrufen. Widerstand, so sagen unsere Politiker, das darf doch nur gelten, wenn Verfassungsprinzipien des Grundgesetzes gefährdet sind, kann aber doch kein Lebensgrundsatz sein. Verharmlost nicht eine Entgrenzung des Begriffs Widerstand dessen ideengeschichtliche und verfassungsrechtliche Bedeutung?

Ich denke, nein. Unsere Überlebenskrise ist Anlaß genug, mit der Verdrängung einer 2500 Jahre alten Widerstandstradition, die von Sokrates über Jesus von Nazareth, die Scholastik, die Jesuiten und Monarchomachen bis zur »Weißen Rose« reichte, aufzuhören. Stellen wir uns vielmehr bewußt in die große abendländische Tradition des Widerstands, tun wir das gerade in Deutschland, wo noch immer Ordnungssucht, Anpassungsfreude und Stillhalten zu den höchsten Bürgertugenden zählen. Niemand hat das Recht, für den Widerstandsbegriff einen terminologischen Alleinvertretungsanspruch zu konstruieren.

In Artikel 20, Abs. 4 der Verfassung erfährt der Widerstandsbegriff als Widerstandsrecht eine juristische Begründung: »Gegen jeden, der es unternimmt, diese Ordnung zu beseitigen, haben alle Deutschen das Recht zum Widerstand, wenn andere Abhilfe nicht möglich ist.«

Die Verfassung knüpft hier an ein personelles Widerstandsverständnis an, das vom mittelalterlichen Tyrannenmord über Aufstände, Bürgerkriege und Revolutionen in vielen Ländern bis in die Gegenwart als Rechtfertigung diente[2], und bindet den Widerstand an einen schwerwiegenden Mißbrauch der staatlichen Macht.

Nun, die Überlebenskrise läßt sich wahrlich nicht personalisieren, wie das in der Verfassungsformulierung »Gegen jeden« zum Ausdruck kommt. Sie ist eine Strukturkrise durch und durch, und selbst mit der Beseitigung der führenden Repräsentanten dieser Strukturen wären sie in keiner oder nur unerheblicher Weise betroffen.

So allerdings, als strukturelle Bedrohung der Lebens- und Überlebensbedingungen, hatten sich die Väter der Verfassung die Begründung für das Widerstandsrecht auch nicht gedacht, konnten sie diese nicht denken. Die strukturelle Eskalation ist eine *offen* sichtbare Erscheinung erst der 70er und 80er Jahre. Und sie ruft nach neuen Maßstäben.

Die theologische Ethik sprach, die Befreiungstheologen sprechen von struktureller Sünde. Ihr widerlichstes Gesicht trägt diese Sünde in den Strukturen, die, beabsichtigt oder nicht, das Überleben gefährden. Das Recht auf Widerstand hiergegen mag gegenwärtig nicht eingeklagt werden können, gleichwohl existiert es juristisch als Überlebensrecht. Dagegen kann sich auch keine Parlamentsmehrheit stellen. Entscheidungen, die in Überlebensfragen einen irreversiblen Charakter tragen und Generationen betreffen, falls diese es noch erleben, sind durch parlamentarische Mehrheiten nicht legitimiert. Ja, solche Entscheidungen müssen selbst der Mehrheit entzogen werden – was im übrigen nicht ungewöhnlich ist, wenn wir daran denken, daß die Todesstrafe und der Angriffskrieg nach dem Grundgesetz der Abstimmung entzogen sind.[3]

Lassen wir uns also auch nicht terminologisch enteignen.[4] Lernen wir zu widerstehen, wenn neben den Human-Prinzipien her Geschichte gemacht wird. Zwar ist Widerstand zunächst immer reaktiv, negierend – trotzdem ist er der einzige Hoffnungsträger für das Offenhalten und potentielle Verwirklichen von geschichtlichen und gesellschaftlichen Alternativen. Es kann heute keine positiven Utopien ohne das Mitdenken von Widerstand geben.

Um es klarzustellen: Widerstand ist nicht Aufruhr, meint keine Revolution, die letztlich nur der Errichtung neuer Unrechtsstrukturen dient. Nein, er meint mit den Worten von Ernst Bloch die »Wahrung eigener verletzter Rechte«[5] bzw. die Verwirklichung eigener oder fremder Menschenrechte.

Nun sind Menschenrechte, das läßt sich an der Computer-, der Gen- und der Atomtechnologie trefflich belegen, nicht von statischer Natur. Der Kampf um und für sie beschränkt sich deshalb auch nicht auf die Erhaltung des Status quo bzw. die Wiedererlangung des verlorengegangenen Status, sondern er kann auch dem gelten, was noch als mögliches Neues vor uns liegt.

Entdecken wir also den Widerstandsbegriff neu für uns, etwa auch für den Alltag und wider das Destruktive in seinen unterschiedlichen und oft verführerischen Formen. Bekennen wir uns zum Widerstand, zur moralisch fest verwurzelten Zivilcourage, zum Widerstand gegen jede Form der Gewalt – der Gewalt gegen Menschen und gegenüber unserer natürlichen Umwelt. Wir brauchen keine neuen Waffen, keine neuen Technologien, die den Menschen überflüssig machen. Wir brauchen radikale Christen, Humanisten und Demokraten.

Exkurs über das Vergessen

»In einer Epoche medialer Reizüberflutung wird der Augenblick stärker empfunden als die schlimme Vergangenheit und die möglicherweise böse Zukunft. Trotz Tschernobyl verspeisen die deutschen Gourmets bedenkenlos ihre delikaten Renken aus den bayerischen Seen. Das Cäsium schmecken sie nicht. Der Gestank der Verbrennungsöfen von Auschwitz und Treblinka ist verweht.«[6]

Diese Sätze des Historikers Koszyk weisen auf eine weitere deutsche Kardinaltugend hin, das Vergessen.

Vergessen ist der Todfeind humaner Lebens- und Weltgestaltung.

Vergessen kann sich auf alle Zeitdimensionen beziehen, auf die Vergangenheit, das Hier und Jetzt und die Zukunft. Vergessen erscheint in euphemistischer Verkleidung als »Gnade der späten Geburt«, als »Einmal muß Schluß sein« oder als »Technischer Fortschritt ist auch sozialer Fortschritt«.

Das Vergessen widerlegt die These, daß im Negatorischen, im direkt oder indirekt, bewußt oder unbewußt erfahrenen Leid die Antriebskraft zur positiven Veränderung stecke.

Vergessen macht das Wissen stumpf, narkotisiert die Ahnungen, raubt der Angst die Sprengkraft.

Vergessen ist das Nicht-Wissen-Wollen, ist das Scheitern der Aufklärung, ja, produziert Angst vor der Aufklärung. Vergessen ist der Abschied aus der Verantwortung.

Widerstehen heißt demgegenüber bewußt sehen und hören. Wach sein. Sehen kann, wer sehen will, jenseits aller sozialen Barrieren.

Das Widerstandsrecht ist von daher kein Privileg einer Minderheit. Es ist Allgemeingut, auch wenn nur eine Minderheit dieses Gut nutzt, sich gegen das öffentliche Klima stellt, dem Wahnsinn den Gehorsam verweigert. Im Zeichen der Überlebenskrise wird das Widerstandsrecht zur Widerstandspflicht für alle, die in einer Welt mit menschenwürdigem Antlitz überleben wollen.

»Der große Widerstand im Unrechtsstaat bleibt nur möglich, wenn der kleine Widerstand gegen das Unrecht im staatlichen Alltag geübt und wie eine kostbare Pflanze gehegt und gepflegt wird«, sagte Fritz Bauer, der ehemalige hessische Generalstaatsanwalt, 1961 vor Mitgliedern der evangelischen Kirche.[7]

»Wer den Widerstand proklamiert und gar praktiziert, gefährdet, was eine ganze Generation nach dem Krieg aufgebaut hat. Widerstand ist eine Form des Ausstiegs. Aussteigen aber ist parasitär, geht immer nur zu Lasten des Volksganzen. Das Bild der Überlebenskrise ist eine typische kulturpessimistische und apokalyptische Horrorvision. Sie ist unsachlich, romantisches retour à la nature und von tiefer Technikfeindlichkeit geprägt«: diese Sätze, die zum Standardrepertoire der meisten Politiker gehören, werden jedem bekannt sein, der sich öffentlich mit Fragen der Technikentwicklung und der Technologiepolitik im weitesten Sinne beschäftigt hat. Sie verdienen deshalb ein wenig Beachtung.

»Der Aufbau wird gefährdet«: es ist anwidernd, diesen Vorwurf aus dem Munde der Generation zu hören, die bis 1945 an der Zerstörung Europas beteiligt war und anschließend systematisch weitergemacht hat mit der Zerstörung unserer Umwelt und der Gefährdung des Lebens jetziger und künftiger Generationen. Welch ein Aufbau, wir sollten besser von Plünderung sprechen.

Im »Buch vom Frieden« von Bernard Benson sagt der Präsident zu den Kindern der Welt: »In ihrer Dummheit hat unsere Generation die Erde ausgeplündert, während unsere Vorväter sie in Ehren gehalten haben. Unsere Generation hat fleißig gearbeitet, um Mittel zu ihrer Vernichtung zu erzeugen, während unsere Vorväter sich bemühten, ihr Gedeihen zu sichern.«[8]

Ja, dieser Aufbau ist gefährdet. Doppelt. Er gefährdet auch sich selbst durch seine ungeheure Kontraproduktivität, und wir werden ihm Widerstand entgegensetzen, Widerstand auch gegen den dahinterstehenden Geist, der zerstört, was er berührt.

»Aussteigen ist parasitär«: wer ist denn woraus ausgestiegen? Ausgestiegen ist die Industriezivilisation in ihrer heutigen Form, nämlich aus der Menschlichkeit. Das, was als Aussteigen heute diffamiert wird, ist zumeist ein Wiedereinstieg in die Menschlichkeit und in die Gemeinschaft mit der Natur.

»Kulturpessimismus«: wo liegt denn der Pessimismus? Liegt er in der ungeschminkten und vernetzten Analyse zivilisatorischer Trends, in der Zukunftshoffnung, die sich auf das Bekennen eines Irrwegs stützt? Oder etwa da, wo Gegenwartsbewältigung und Zukunftsgestaltung sich im achselzuckenden Ergeben in selbst mitverursachte Sachzwänge, in selbstverschuldete Unmündigkeit erschöpft?

»Apokalyptische Horrorvision«: der Horror liegt nicht in der Beschreibung der Wirklichkeit, die Wirklichkeit selbst ist der Horror, die Wirklichkeit selbst macht die Apokalypse möglich.

»Un-sachlichkeit«: die Zukunft planen wir nicht für Sachen, sondern für Menschen. Wollen wir die »sachliche« Neutronenbombe? Die Bezeichnung einer un-menschlichen Politik als eben das, was sie ist, muß deshalb unsachlich sein und ist zugleich doch nicht unsachlich.

»Technikfeindlichkeit«: lassen wir dazu Robert Jungk sprechen: »Wissenschaft ohne Gewissen verdient diesen Namen nicht mehr, Technik, die mögliche Folgen nicht beachtet, ist keine Kunst (›techné‹), sondern brutale Kraftmeierei.«[9]

Die Überlebenskrise, richtig begriffen, kann sich als *die* Chance für eine andere, für eine bessere Welt erweisen. Gewiß, das ist schon oft gesagt worden, alle Utopien beginnen so oder so ähnlich. Der Unterschied: es ist vermutlich die letzte Chance, und sie ist klein. Wenn wir sie verpassen, haben wir es nicht anders verdient.

Dieses Buch will folgendes leisten:

- Es will die Konvergenz der Krisen in dem als Überlebenskrise bezeichneten Wahnsinn in ihrem gesamten Umfang beschreiben. Es will das gemeinhin nur für bestimmte Problemfelder Angedachte vernetzt zusammen- und weiterdenken und in diesem Sinne die Problem- und Krisenkomplexität deutlich machen.
- Es will die Machbarkeit der Zukunft aus der Machbarkeit des Widerstands begründen und in diesem Zusammenhang den bereits vorgelebten Widerstand von Menschen gegen unmenschliche Techniken in der Vergangenheit und Gegenwart vorstellen und analysieren.
- Es will nahebringen, daß erfolgreichem Widerstand ein anderes Menschen- und Gesellschaftsbild zugrundeliegen muß. Die Chance liegt nicht mehr in dem Warten auf große Massenbewegungen, sie liegt bei jedem einzelnen und seiner Standhaftigkeit.
- Es will schließlich Möglichkeiten und Notwendigkeiten für Widerstand in unterschiedlichen gesellschaftlichen Bereichen aufzeigen.

Konvergenz der Technik –
Konvergenz der Probleme –
Konvergenz der Krisen

1 Der Wahnsinn hat Geschichte – Entstehung und Folgen des mechanistischen Weltbildes

Die Geschwindigkeit, mit der sich heute, in den letzten Jahren des zweiten Jahrtausends, technische Strukturen weiterentwickeln, verbreiten und miteinander verschmelzen, ist welthistorisch und technikgeschichtlich ohne Vorbild. Isoliert betrachtet muß diese Entwicklung erschrekken, viel mehr aber noch erstaunen und verwundern. Was einst für Generationen galt und deren Leben prägte, zerrinnt in Etappen von immer weniger Jahren zur bloßen Anekdote.

Historisch eingebettet wird aus diesem »Wunder des 20. Jahrhunderts« allerdings schnell das mehr oder weniger zwangsläufige Resultat eines eindimensional verlaufenen industriezivilisatorischen Prozesses – eines Prozesses, der selbst und in seinen strukturellen Auswirkungen mittlerweile eigendynamische Züge zu tragen scheint, dem zunächst aber ein Weltbildwandel in den Köpfen einiger Menschen vorausging.

Die moderne, naturwissenschaftlich vorangetriebene Technik konnte ihre Erfolge nur auf der Basis einer Vorstellung von Welt erzielen, die selbst technische und mechanistische Züge trug. Die auf René Descartes (1596–1650) zurückgehende Cartesianische Weltauffassung lieferte dazu eine Voraussetzung. Eine weitere war der mit dem Namen Francis Bacon (1561–1626) verbundene *Szientismus*, also der Glaube an die Allmacht der Wissenschaften. Descartes vollendete den schon in der Scholastik und in der Renaissance begonnenen Prozeß der Emanzipation wissenschaftlichen Denkens und Arbeitens von der Theologie. Sowohl das Universum als Ganzes als auch in seinen Elementen erschien als mechanisches System, über das Aufschluß durch die Kenntnis der Materiebausteine erlangt werden konnte. Materie und Geist wurden als voneinander Getrenntes betrachtet; diese Sichtweise machte auch vor den lebenden Organismen nicht halt. Rationales, lineares Denken war die leitende Devise der Wissenschaften. Religion, Intuition und Spiritualität verloren ihre Bedeutung. Der Reduktionismus als eine Erklärungsweise, die komplexes Systemverhalten auf Gesetzmäßigkeiten in den Subsystemen reduziert, begann seine verhängnisvolle Karriere. Sie ist analog zu den reduktionistischen Leitprinzipien geprägt durch Spaltung, Manipulation und Kontrolle, fern von Ganzheitlichkeit, Integration, Sozialität und ökologischer Bewußtheit.

Ein im mechanistischen Sinne bedeutender Einschnitt war die Erfindung der mechanischen, exakten und extrem diszipliniert anwendbaren Messung der Zeit mittels der Uhr. Sie war der erste Automat, eine Informationstechnologie, und die Uhr ist mit ihrer Unnachgiebigkeit, Eindeutigkeit, Verbindlichkeit und Subjektunabhängigkeit, mit der sie mißt, die Verkörperung der Denkweise westlicher Industriezivilisationen. Diese Denkweise ist Ursprung und ideale Voraussetzung für den Versuch, alle Probleme als mechanische und technische zu sehen und zu definieren. Sie ist Voraussetzung für die Mechanisierung der Analyse selbst durch solche Maschinen, denen diese Denkweise ebenfalls inhärent ist. Sie ist damit auch der Ursprung, die abstrakte Voraussetzung und zugleich der vorantreibende Motor der Computermetapher.

Immanenter Bestandteil des mechanistischen Weltbildes sind zwei weitere Kerngedanken: zum einen, daß letztlich jede menschliche Arbeit durch Maschinen zu ersetzen sei, und zum anderen, daß nur das hinreichende Beachtung erfahren soll, was mechanisch machbar und ökonomisch verwertbar erscheint. Was nicht apparativ umsetzbar ist, verschwindet aus dem Repertoire des wissenschaftlich-technisch Förderungwürdigen.[1]

Effizienz, Manipulations- und Kontrollfähigkeit – diese Eigenschaften der Maschine waren und sind prädestiniert für den herrschaftlichen Gebrauch, für die Ausübung, Stabilisierung, Perfektionierung und Vermehrung von Macht, Ausbeutung und Unterdrückung. Stets stand die Technik somit im Dienst der Mächtigen. Und der Griff nach ihr, verbunden mit dem Verlangen nach immer mehr Macht auf immer leistungsfähigerem Niveau, trieb ihre Entwicklung mit äußerster Dynamik voran. Doch der technische und später industrielle Fortschritt, zunächst in Europa, wäre nie möglich gewesen, wenn nicht dem, was er unter anderem bewirkte, immer auch schon dies vorausgegangen wäre: Kolonialisierung, Zerstörung der Umwelt, Ausrottung bzw. Unterdrückung des anderen. Die Hexenverfolgung und die Verdrängung des Weiblichen, des Matrigenen aus dem Abendländischen, legen hierfür Zeugnis ab. Dem Verständnis, der Bewahrung und der Förderung des lebendig Gewachsenen, des zyklisch sich Regenerierenden und Reproduzierenden trat mit offener Brutalität dessen Zerlegung und Zerstückelung gegenüber.[2]

Wir wollen jedoch diesem Treiben nicht pure Natur- und Menschenverachtung unterstellen. Denn auch der Wissenschaftler hat inzwischen Geist/Intellekt und Leib/Gefühl getrennt, so daß emotionslos experimentiert werden kann. Und natürlich ist die Geschichte der Mechanisierung und Technisierung auch eine Geschichte der Faszination. Obwohl die modernen Technologien vieles von ihrem Inneren verbergen und deshalb unvertraut wirken, zeichnen doch auch sie sich, viel mehr natürlich noch die »klassischen« Maschinen, durch Transparenz, Klarheit, Berechenbarkeit, eben »Logik« aus. Und selbst der, dem sich dieses

Verständnis nicht erschließt, der gegebenenfalls einfach nur Maschinen nutzen will, erfährt natürlich ihre finalen Wirkungen.[3] Eisenbahn, Automobil und Computer mögen hierfür als Beispiele dienen. Die Maschine gestattet das Erlebnis von Macht, von Beherrschung einer Mikrowelt. Die Maschine verhilft zu Stolz – dem, der sie besitzt, und noch mehr dem, der sie entwickelt. Und sie verhilft zu trügerischer Geborgenheit und Sicherheit. In der Maschine offenbart sich der androgyne Traum von patriarchalischer Beherrschung und matrigener Hervorbringung des Lebens in infantiler Form. Die Maschine befreit teilweise von der Kontingenz der menschlichen und natürlichen Existenz. Sie scheint ein Kind zu sein oder eine hörige Frau, vielleicht auch bergende Mutter mit nur wenigen Launen, die sich zudem reparieren lassen; sie ist eine Natur ohne die Unberechenbarkeit des Wetters; sie ist ein künstlicher Partner, der bei Überdruß abgeschaltet werden kann.

Das mechanistische Weltbild und die mechanistische Umgestaltung der Welt verloren die Ehrfurcht vor dem lebendig Gewachsenen und die Achtung vor der natürlichen Umwelt. Sie entzauberten die Natur. Sie entrissen ihr die eigene Seele und Wesenheit als Schöpfung und gaben sie frei zur gewissenlosen Ausbeutung und Ausnutzung. Die Natur war nicht mehr Nährmutter, der man mit Achtung gegenübertrat, sie war nun Objekt der Gier nach immer mehr materiellem Reichtum.[4] Selbst Lebensprozesse im engsten Sinn und die dazugehörenden Naturkenntnisse, wie das Gebären, Wachsen, Altern, Sterben, gerieten in den Sog der Industrialisierung. Natur und Mensch waren ent-zweit und damit der Mensch auch von sich selbst.

Der machtbezogene Einsatz der Technik und die Faszination durch die Technik sind zwei zentrale treibende

Kräfte der Maschinisierung und Industrialisierung. Ein drittes Leitmotiv ist der untrennbar mit der Aufklärung verbundene Fortschrittsoptimismus. Fortschritt muß sein, die Veränderung an sich wird positiv belegt. Immer neue Ziele, die Negierung jeglicher Grenzen jagen den Prozeß der Veränderung voran. Neue Strukturen entstehen auf den Trümmern der gedanken- und rücksichtslos überrannten alten. Der fortschrittsbegeisterte Materialist oder Idealist hastet und muß dies wohl tun, denn mit dem Verweilen käme er womöglich zur Ruhe und fände zu sich selbst. Falls auf dem Weg Probleme auftauchen, wird es schon eine technische Lösung geben, gleich, von welcher Natur das Problem ist.

Ein für die Geschichte der Neuzeit nicht hoch genug zu bewertender Umstand war die Identifizierung des Marxismus und der Arbeiterbewegung mit dem Fortschrittsmythos. Das Dogma von der Technik als Entlastung und die Gleichsetzung von technischem mit gesellschaftlichem Fortschritt ließen die letzten Barrieren für den ungebremsten Industrialismus fallen. Die selbst so geknebelte Klasse wurde von ihren Führern in den Kampf gegen die Natur geschickt und damit gegen sich selbst. Diese Erkenntnis ist doppelt schmerzhaft, handelte es sich doch bei der Arbeiterbewegung um die erste große internationale Befreiungsbewegung; nicht auszudenken ist, wie die Geschichte hätte verlaufen können, wenn die vielen Millionen arbeitender Menschen auch gegen die Produktionsmittel der Produzenten aufgestanden wären.

So aber verhallten frühe Warnungen wie die von Friedrich Engels in der »Dialektik der Natur«: »Schmeicheln wir uns indes nicht zu sehr mit unseren menschlichen Siegen über die Natur. Für jeden solcher Siege rächt sie sich an uns. Jeder hat in erster Linie zwar die Folgen, auf die wir gerechnet, aber in zweiter und dritter Linie tut er ganz andere, unvorhergesehene Wirkungen, die nur zu oft jene ersten Folgen wieder aufheben. [...] Gegenüber der Natur wie der Gesellschaft kommt bei der heutigen Produktionsweise vorwiegend nur der erste, handgreifliche Erfolg in Betracht; und dann wundert man sich noch, daß die entfernten Nachwirkungen der hierauf gerichteten Handlungen ganz andere, meist ganz entgegengesetzte sind.«

Noch an anderen Stellen seines Werkes wies Engels auf die Zweischneidigkeit des Einsatzes mechanischer Automaten hin, er bezeichnete sie als um vieles tyrannischer als die kleinen Kapitalisten.[5]

Die industrielle Produktionsweise aber wurde bis heute nicht von den Vordenkern und Repräsentanten der arbeitenden Menschen zur Disposition gestellt, sie wurde vielmehr zu einem notwendigen und immanenten Bestandteil der heutigen und künftigen Kultur hochstilisiert.[6] Auswüchse des Industrialismus galten als Folgen eines unausgewogenen Machtverhältnisses zwischen Kapital und Arbeit und sollten durch wachsenden mitbestimmenden Einfluß der Arbeitnehmer beseitigt werden.

Es kann unter diesen Vorzeichen nicht verwundern, daß ein weiteres Dogma der Neuzeit Karriere machen konnte, nämlich das von der Neutralität der Technik. Dieses Dogma gestattete, an der Tatsache vorbeizublicken, daß Maschinen immer auch eine Materialisierung von Interessen darstellen und daß diese Materialisierung Fakten schafft – nicht nur durch das Produzierte, sondern auch durch das Produzieren selbst und das, was dadurch verdrängt wird bzw. keine Entwicklungschance erhält. So ließ sich auch verschleiern, daß die massenhafte Materialisierung von Macht-, Herrschafts- und Kapitalverwertungsinteressen in entsprechenden Apparaten, etwa dem Computer, auch massenhafte geistige Anpassungsprozesse auslöst. Verschleiert wurde damit die Rückwirkung von Technik auf die Gesellschaft und von dort wieder auf sich selbst.

Diese Rückwirkung von technischen Strukturen auf die Bedingungen ihres Einsatzes und ihrer Bewertung ist es, die wir als Pseudo-Eigendynamik der Technik bezeichnen können. Herbert Marcuse formulierte 1965 in seiner Auseinandersetzung mit »Industrialismus und Kapitalismus im Werk Max Webers«: »Nicht erst ihre Verwendung, sondern schon die Technik ist Herrschaft, methodische, wissenschaftliche, berechnete und berechnende Herrschaft. Bestimmte Zwecke und Interessen der Herrschaft [...] gehen schon in die Konstruktion des technischen Apparates selbst ein. [...] Ein solcher Zweck der Herrschaft ist material und gehört insofern zur Form selbst der technischen Vernunft.«

Wissenschaft des Patriarchats

Im Zentrum der Verwirklichung des mechanistischen Weltbildes wütet auf leisen Sohlen die Wissenschaft. Scheinbar fern vom gesellschaftlichen Alltag, isoliert vom Leben, kann sie quasi unbemerkt und ungestört dem nachgehen, was sie als Sinn versteht bzw. was man ihr als Sinn zugesteht. Trotz aller wissenschaftlichen Nischen und aller sozialwissenschaftlichen Bemühungen um Lebensweltorientierung fälle ich dieses Urteil bewußt so pauschal. Es ist ein Urteil über den in dieser absoluten Größe dominierenden Trend: den Trend zur Destruktion. Der überwiegende Teil der Naturwissenschaftler arbeitet direkt oder indirekt an der Entwicklung, Weiterentwicklung und Perfektionierung von Rüstungs-, von Vernichtungsinstrumenten, auch wo er es nicht weiß oder nicht wissen will. Die Naturwissenschaft insgesamt praktiziert und fördert ein Verhältnis zur Natur, das durch Ausbeutung gekennzeichnet ist. Das Wissen, das sie hervorbringt, ist Kontrollwissen.[7] Es ruft nach Ordnung, nach der Ordnung von Zahlen – auch wenn es ganz andere Ordnungen gibt. Dieses Wissen wird geboren aus der Isolierung von Naturgegebenheiten. Es schöpft seine neuen Zahlenreihen aus der Sezierung, der Destruktion vorhandener Systeme. Über die Zertrümmerung der Materie bis ins Letzte – ist es das sechste Quark? – erhofft man sich Aufschluß über die Erkenntnis dessen, was die Welt in ihrem Innersten zusammenhält.[8] Man will durch Trennung die Beziehung finden: welch eine Illusion zu glauben, so ließe sich Leben, Wachsen, das kosmische Werden erfahrbar machen. Was bleibt bei der System-, bei der Teilchenzertrümmerung vom kosmischen Geist, der kosmischen Intelligenz? Ganz einfach: Es gibt sie nicht. Der Titanmensch muß der toten Materie erst Sinn »einhauchen«. Die Ordnung von Zahlen ist nicht nur Orientierungshorizont für die Naturwissenschaften. Das permanente Minderwertigkeitsgefühl gegenüber dem großen und vermeintlich so exakten Bruder hat auch die kleine Schwester Sozialwissenschaft und den halbstarken Bruder Wirtschaftswissenschaft mehr und mehr zu den numerischen Welten gezogen. Die Universitäten und das System Wissenschaft insgesamt ertrinken in Daten. Nur zu oft erscheint der Korrelationskoeffizient als der Weisheit letzter Schluß. Die Folgen sind fatal. Der ununterbrochen fließende Datenstrom ertränkt die Tiefenebenen der Ideen und verhilft höchst trivialen Hypothesen und der Theorie des Status quo zu einer paradoxen Bedeutung. Die Informationslawine schafft Desinformation. Mit zunehmender Quantität an gesellschaftlichen Momentaufnahmen und ihrer mathematisch-statistischen Interpretation bzw. Verkleidung schwindet der Sinn. Wie soll ein Studierender in den Anfangssemestern in den

Tonnen von Büchern und Aufsätzen die Meister-Literatur identifizieren lernen, das Lesens- und Bewahrenswerte vom Schrott unterscheiden können, wenn der Lehrer und Forscher selbst sich vom Datenmüll erdrücken läßt bzw. an seiner Produktion beteiligt ist?

Die für vernetztes Denken unzuständige Fachspezialisierung, die für weite Bereiche von Lehre und Forschung geltende Formalisierung, die straffe Hierarchisierung im Wissenschaftssystem, wissenschaftliche Schulen und Cliquenbildungen, Zitier- und Anti-Zitier-Kartelle und schließlich die eigenen Karrierehoffnungen stehen einer nur zu oft erkannten Aufbruchsnotwendigkeit entgegen. Drittmittel und Drittmittelforschung, der gierige Blick auf die prallen Geldtöpfe der Technik- und Technikakzeptanzforschung tun ein übriges. Geld hinterläßt seine Spuren nicht nur in der Moral, sondern wohl auch im Geist, denn Geld ist Geltung. In einem System, in dem die Korruption oder, vorsichtiger, die systematische Einbindung durch materielle Reize selbstverständlich ist, wird Anpassung prämiert, nicht der kritische Geist, nicht die Freiheit der Wissenschaft. Einige Hofnarren kann man sich da zwar noch leisten, doch die Grenzen sind spürbar. Und sie werden enger mit der wachsenden politischen, militärischen und ökonomischen Bedeutung der jeweiligen Wissenschaft. Sie sind erreicht, wenn Wissenschaft sich als politisch bekennt und sich ihrem *Mißbrauch* stellt.

Gernot Böhme, ein Kritiker der herrschenden Wissenschaft, schreibt: »Wo Wissenschaft politische wird, begegnet sie der Macht und wird als solche behandelt. Aber auch intern sind die Sanktionen furchtbar: Wer handelnd erkennt, verändert das Objekt, wer normativ denkt, verstellt die Tatsachen, wer politisch handelt – der verläßt die Wissenschaft: Dann soll er doch gehen.«[9]

Diese Wissenschaft verkehrt sich so, eingebunden in die

lebensfeindlichen Ziele eines politischen Systems, schnell in ihr Gegenteil. Sie ist nicht das, was Wissen schafft, sondern das, was dem Systemziel dient.[10] Die Universität entläßt nicht kritische Geister, sondern Verfügungsmasse für die politischen, wirtschaftlichen und technologischen Machtzentren. Sie ist der Diener der Industriegesellschaft, der Sklave einer Entwicklung, die sie selbst erst mit ermöglicht hat.

Das Zerlegen und Sezieren durch die Natur- und Sozialwissenschaften, das Zertrümmern lebendiger Zusammenhänge in etwas, das mechanisch isoliert voneinander betrachtet werden kann, die Ordnung des Gespaltenen nach den Prinzipien der Dichotomisierung und Hierarchisierung durch die Geisteswissenschaften und schließlich die Wiederzusammenfügung in Maschinenform durch die Ingenieurwissenschaften – diese Form der Verwissenschaftlichung von Welt ist das Resultat einer Verselbständigung des männlichen Intellekts. Es ist die Übertragung des Prozesses der Vergewaltigung auf die gesamte Natur.

Erinnern wir uns: kein anderer als Francis Bacon, einer der Mitbegründer der modernen Naturwissenschaften und in Personalunion Hexeninquisitor, sprach von der Inquisition der Natur, ihrer Penetrierung, dem Entwinden ihrer Geheimnisse mit der Folter des Experiments.[11] Ihren aktuellen Höhepunkt findet die Penetrierung der Natur zweifellos in der Gentechnologie. Das aus männlichem Blickwinkel Unperfekte erfährt hier seine technologische Optimierung. Ja, es verhilft dem Geschlecht, das kein Leben zur Welt bringen kann, zur Macht über das Leben.

Diese Erfahrung mit der Macht über das Leben jedoch ist nicht neu. Sie hat im Krieg schon seit je ihre handgreiflichste und für Männer unerklärlich faszinierende Form – genau wie in der Unterdrückung der Frau. Die Geschichte der Vergewaltigung der Natur ist immer auch eine Geschichte der Frauen. Männer bändigten Flüsse, brachen den Willen des wilden Tieres. Männer jagen, um zu töten, reißen tiefe Wunden in die Berge und »bereinigen« die Flur. Die Geschichte der neuzeitlichen Wissenschaft und die Geschichte der Mechanisierung – beides ist auch die Geschichte des Patriarchats. Und es ist die Geschichte der Entwertung von Gott, die Geschichte des Materialismus. L'extrêmes se touchent. Es ist schließlich die Geschichte einer verheerenden Verbindung von männlichem Spieltrieb, unersättlicher Neugier und Menschenverachtung. Was denkbar war, wurde auch ausprobiert. Mengele, Hiroshima und Nagasaki sind nur drei besonders herausragende Begriffe einer Kontinuität der verantwortungslosen Experimente, die bis in die Gegenwart reicht.

Daß eine wachsende Zahl von Männern dieser Entwicklung mit Abscheu gegenübersteht, änderte bislang nur wenig an der Unreflektiertheit des naturwissenschaftlichen Intellekts, an der patriarchalischen Hybris ohne Bereitschaft zur Selbstkritik. Es ist nicht zu belegen, aber begründet zu bezweifeln, daß Frauen einen vergleichbaren Weg hätten gehen können oder gegangen wären. Die feministische Literatur ist voll von entsprechenden Hinweisen, in denen immer wieder die andere Natur der Frau, das Matrigene, das Bewahrende und Schützende betont, allerdings auch das Zerstörerische überschlagen wird. Jede Mythologisierung des Weiblichen führt dann in eine Sackgasse, wenn sie sich nicht den historischen Tatsachen stellt.

»Ich bin sprachlos angesichts der sterbenden Bäume, der verpesteten Luft, des vergifteten Wassers, angesichts der waffenstrotzenden, einsatzbereiten Militärs, der Folter an Menschen und Tieren überall, der Ausländerfeindlichkeit. Ich bin fassungslos angesichts der konsequenten

Vernichtung alles Lebendigen. Und ich ertrage schwer das Wissen, daß Frauen überall daran teilnehmen, einfach mitmachen, wozu man sie mit mehr oder weniger Druck zwingt – als Arbeitende, als Ehefrauen, als Mütter, als Wissenschaftlerinnen, als ›Puppen‹ bald auch als Soldatinnen.«[12]

Sprache als Gewalt

Der einseitige männliche Intellekt, seine Verselbständigung und die Herrschaft des Patriarchats prägen die westlichen Industriezivilisationen bis in ihr Innerstes. Auch Sprache und Denken sind nicht unberührt geblieben. Das sprachliche Universum und damit auch das Denken sind mit Herbert Marcuse als eindimensional zu bezeichnen.[13]

- Eindimensional ist die begriffliche Vermännlichung von Aktions-Orientierungen (z. B. Man(n) tut etwas)
- Eindimensional ist die Funktionalisierung und Vereinheitlichung
- Eindimensional ist der antikritische und antidialektische Impetus
- Eindimensional ist die Antihistorizität
- Eindimensional ist die Durchdringung von Sprache und Denken mit der Computer-Metapher: durch die »Wenn-dann« und »Entweder-oder« Orientierung, durch die Übergehung des Mehrwertigen und Widersprüchlichen.

Um keine Mißverständnisse aufkommen zu lassen, sei an dieser Stelle betont, daß die Computer-Metaphorik das Denken, insbesondere das Problemlösungsdenken, bereits durchwob, lange bevor dieses Denken sich in der Form als Maschine, als Computer materialisierte. Das eindimensionale Denken und die eindimensionale Sprache sind untrennbar verknüpft mit und zugleich überlebenswichtig für Gesellschaften, deren Wert-, Norm- und Handlungshorizont ihren stärksten Ausdruck im mechanistischen Weltbild, in Gleichschaltung und Unterordnung findet. In diesem Denken und in dieser Sprache ist kein Raum für das Wachsen historischer Vernunft, eher schon für das Vergessen. Der Förderung durch die Techniker der Politik und durch die professionellen Versorger mit Masseninformationen können sich das eindimensionale Denken und die eindimensionale Sprache deshalb gewiß sein.

Wo Sprache für Herrschaft unangenehme Interpretationsspielräume läßt, die auch auf das Denken befreiend wirken könnten, wo von oppositionellen Individuen und Gruppen Begriffe aufgenommen werden, die doch eigentlich dem staatstragenden Pathos vorbehalten zu sein haben, setzt direkte Sprachkontrolle seitens Politik und Medien ein.

Frei etwa ist nur der freie Westen. Freiheitsbewegungen können deshalb nur solche sein, die den politischen Zielen des freien Westens dienen. Die anderen sind terroristisch, rebellisch, anarchistisch. »Gewaltfreier Widerstand ist Gewalt«: solche innenministeriellen Verlautbarungen müssen doch stimmen, wenn selbst Gerichte, wie im Fall der Blockadeprozesse seit Mitte der achtziger Jahre sich dem anschließen. »Twospeak« nannte George Orwell in »1984« diese staatliche Definitions-Arbeit, die Verkehrung des Sinns zwecks Bewußtseinslenkung. »Twospeak« ist Mißbrauch der Sprache in pervertierter Form, ist die Steigerung der herrschaftlichen Camouflage; aus der Propagandaforschung ist bekannt, daß die permanente Wiederholung auch des Absurdesten nicht ohne Wirkung bleibt.

Philosophie des »Anything goes«

Ein Versuch der ethischen Bewertung herrschender Politik im 20. Jahrhundert käme schnell zu diesem Resultat: Hier wirkt nur ein Prinzip – das des »Anything goes«. Unerreichbar scheinen Spiritualität und Weisheit, weit entrückt sind Verstehen, Respekt und Toleranz gegenüber dem, das anders ist. Außer Kraft gesetzt sind Wertmaßstäbe und Verantwortung als Basis jeglichen Handelns und Planens: zwei Drittel der Menschheit sind zum Verarmen bestimmt, wir verbannen sie, teils sogar im eigenen Lande, aus unseren Planungen. Wir ersticken in Waffen und im Überfluß und hämmern das Elend der Welt allabendlich unterhaltsam und elektronisch aus unseren Hirnen.

In der Rede zur Verteidigung seiner selbst während des ersten Pflugschar-Prozesses in der Bundesrepublik (versuchte Sabotage, Sachbeschädigung und Hausfriedensbruch) sagte Dr. Wolfgang Sternstein vor dem Landgericht Stuttgart im Februar 1986: »500 Milliarden Dollar – mit steigender Tendenz – geben die Industrienationen jährlich für das Militär aus, von der Verschwendung von Produktionskapazitäten, Arbeitskräften, Rohstoffen und wissenschaftlichem Potential für militärische Zwecke ganz zu schweigen. Wir stehlen den Armen das Brot und verfüttern es an unsere Schweine, wir stehlen ihnen die Rohstoffe und machen Bomben daraus.«[14]

Worin liegt die Legitimation dieses Tuns, womit kann ein Handeln gerechtfertigt werden, das kontinuierlich irreversible Eingriffe in die Lebensmöglichkeiten heutiger und zukünftiger Generationen vornimmt? Wie will diese Gesellschaft weiterleben mit den immer offensichtlicher werdenden Widersprüchen, die ihr den Boden zu entziehen begonnen haben? Wie lange will sie sich diesen Widersprüchen mit einem Festklammern an falschen Eindeutigkeiten noch entziehen? Und wie lange will sie sich diese falschen Eindeutigkeiten noch mit Lügen und Verlogenheit sprichwörtlich erschwindeln?

Wir greifen in die Evolution ein und haben die Kindersterblichkeit nicht im Griff.

Wir errichten Raumstationen und sind nicht in der Lage, menschliche Städte zu bauen.

Wir können den Frieden nur sichern mit der Drohung, alles Leben auszulöschen. Wir machen Millionen Menschen arbeitslos, damit das Wirtschaftswachstum stimmt.

Diese Reihe könnte beliebig fortgesetzt werden. Sie zeigt zusammen mit allem, wovon schon die Rede war, daß diese Gesellschaft zutiefst arational ist. Ich spreche in der verallgemeinernden Form, denn wir alle machen mit, zumeist mehr, selten weniger.

Biologisch ist die isolierte Ratio nicht lebensfähig. Sie ist eine Spätfrucht der neuesten Evolution mit der Aufgabe, als Notsystem zusätzliche Entscheidungskapazität durch radikale Vereinfachung in knapper Zeit zur Verfügung zu stellen. Wir haben aus dieser Notbremse die einzige gemacht und alle übrigen beseitigt.

Die kritische Größe ist verletzt

Arationalität tritt notwendig dann ein, wenn für den Menschen überschaubare, verstehbare und damit beherrschbare Grenzen überschritten werden. Je komplexer ein System ist, desto zahlreicher sind die für einen bestimmten Systemzustand gefährlichen Schwankungen.[15] Die Organisation von Systemen reagiert auf diese Bedrohungen normalerweise mit wachsender Geschwindigkeit der Kommunikation bzw. Informationsverbreitung. Wenn auch auf höchst labiler Basis lassen sich so Gleichgewichtszustände erhalten. Diese sind jedoch wieder durch sich selbst bedroht. Denn mit wachsender Menge von Informationen und wachsender Geschwindigkeit ihrer Verbreitung nimmt deren Sinnhaftigkeit und Bedeutung ab. Wichtige Ereignisse, bedeutende Ideen gehen unter im Strudel des Bedeutungslosen. Es fehlen die Impulse zur notwendigen Auffrischung, Regeneration und Erneuerung. Hochkomplexe Systeme, die sich nur mit einem hybriden Informations- und Kommunikationsapparat am Leben halten können, sind aus diesem Grunde gemeinhin äußerst strukturkonservativ.

Die modernen Gesellschaften sind Gesellschaften der Grenzüberschreitung. Industrielle Produktion akzeptiert keine Grenzen – weder räumliche noch soziale noch moralisch-ethische und auch nicht technische: sie muß weitergetrieben werden. Denn Grenzüberwindung ist ihre einzige systemkonforme, weil Gewinn versprechende Möglichkeit. Diese Gesellschaften brauchen riesige Apparate und Organisationen zur Gewährleistung ihrer auch informationell zu sichernden Stabilität. Die Apparate und Organisationen verfügen aber selbst wieder über eine Binnenkomplexität, die entsprechende informationelle Regelungsmechanismen erfordert. Sie übersteigen die menschliche Denkkapazität. Wo Transparenz und Koordination im Sinne des Systemganzen wirken müßte, entstehen Eigenorientierung und Eigendynamik. Trotz aller Informatisierungsbemühungen wächst die Entfremdung des Menschen von den Systembedürfnissen und Systemerfordernissen. Diese Entfremdung wirkt allen gesellschaftlichen Delegationsprinzipien und aller Hierarchisierung zum Trotz in beide Richtungen – von unten nach oben und von oben nach unten. Auch wenn das Individuum sich räumlich mitten im Geschehen befindet, ist es doch fern von dem Verständnis für das Ganze. Diese Ferne von den

Systemerfordernissen bis ins Detail, das Nicht-Betroffensein durch Ferne im Bewußtsein der Verantwortlichen auf allen Ebenen ist ein mit ausschlaggebender Faktor für die sich häufenden Systemkatastrophen in der Chemie, der Atomtechnik, der Raumfahrt, der Umwelt . . .

Wir sind in wechselnden Rollen mit mehr Menschen in Berührung, als wir normalerweise ertragen können. Uns umgeben mehr Dinge, als wir beherrschen können, und wir leben in Strukturen, die wir nicht überschauen und verstehen. Das Gesetz der verletzten Größe aber wirkt jenseits ideologischer Unterschiede. Es trifft auf die kapitalistischen Wirtschafts- und Gesellschaftsformen ebenso zu wie auf die sozialistischen.

Wo das Prinzip der beherrschbaren Größe verletzt ist, gibt es keine liberale und keine Volks-Demokratie. Wo die Verkoppelung der individuellen und einer vertrauten kollektiven Existenz mit wert-bewußter, zielgerichteter Tätigkeit nicht mehr zu leisten ist, stirbt das Urvertrauen. »Die Polis, die Ethnie ist gleichsam die Mutter, die das Urvertrauen als Grundlage aller Tätigkeit ebenso hervorbringt wie erfordert. Nur über ihre bewußte Verinnerlichung, also über die Aneignung des Wertsystems der Kommunikation und Interaktion kann dies unerläßliche Urvertrauen entwickelt bzw. erhalten werden. Ist das Wertsystem selbst erschüttert, so notwendigerweise auch das individuelle Urvertrauen der Gesellschafter«[16], heißt es.

Ziehen wir ein Zwischenresümee und wagen wir eine Analogie.

Die moderne industrielle Welt verfügt nur noch über ein Minimum an Flexibilität. Die kulturelle Triebkraft ist erlahmt, der Motor des »Fortschritts« ist der Motor selbstverursachter Sachzwänge. Die gesellschaftliche Bewegung und Mobilität ist enorm, aber die Bewegung ist bei einem ungeheuren Energieaufwand ziellos. Entsprechend hoch ist der Verlust an Harmonie und das Wuchern des Dissenses, entsprechend groß sind die Reibungsverluste.

Der zur Steuerung auf allen Ebenen und in allen Prozessen erforderliche Informationsaufwand ist gigantisch, doch er verhindert nur das klare Erkennen von Strukturen. Mit wachsender Information wächst unsere Unkenntnis vom Zustand des Systems. Aus dem Gestrüpp der informationellen Umwelt ragt identifizierbar nur das heraus, was trotz aller Dynamik invariant geblieben ist. Mit dem Anstieg von Information sinkt somit der Pegel ver-füg-barer Information.

Der Maßbegriff für den Verbrauch von Energie und das entstehende Chaos lautet seit der Formulierung des zweiten thermodynamischen Hauptsatzes durch Clausius (1822–1888) im Jahre 1865 Entropie.[17] Seine auf die Evolution physikalischer Systeme bezogene Definition erinnert fatal an die Evolution des gesellschaftlichen Systems, wie wir sie in bisher nur groben und verallgemeinernden Zügen beschrieben haben.

Wenn die Diagnose stimmt, daß der gesellschaftliche Zustand mit entropisch bedingten Insuffizienzerscheinungen angemessen und hinreichend zu beschreiben ist, dann leben wir in einer Welt der Irreversibilität und Unbestimmtheit.

Schauen wir uns diese Welt ein wenig näher an.

2 Krisenphänomene – Die Apokalypse erwächst aus dem Detail

Dieses Kapitel beschreibt die Wunden, die wir der Natur und uns selbst zugefügt haben und täglich wieder zufügen.

Es ignoriert die Annehmlichkeiten und den Luxus, die wir der technischen Entwicklung verdanken. Es zeigt die Superkrise als Bedrohung von allen Seiten.

Wachstum und Vergiftung – vom Wirtschaften ohne Moral

»Obgleich sich die meisten Wirtschaftswissenschaftler des augenblicklichen akuten Krisenzustandes wohl bewußt sind, glauben sie immer noch, man könnte die Lösungen für unsere Probleme innerhalb des vorhandenen theoretischen Rahmens finden. Dieser Rahmen beruht jedoch auf Vorstellungen und Variablen, die vor einigen hundert Jahren entstanden und die inzwischen durch die sozialen und technischen Veränderungen hoffnungslos veraltet sind«[18] – obwohl, so muß Fritjof Capra ergänzt werden, es alternative Begutachtungen des wirtschaftlichen Status quo und alternative Entwürfe für eine sozial- und umweltverträgliche Ökonomie mittlerweile zuhauf gibt.

Die herrschende und in Herrschaft eingebundene Wirtschaftswissenschaft, von den Neoklassikern bis zu den Marxisten, ignoriert jedoch beharrlich vor allem ökologische Sichtweisen und Erfordernisse. Sie bemüht sich zudem fleißig, das Wertsystem im Dunkeln zu lassen, das ihr zugrundeliegt. Oder hat sie keins? Oder darf sie als »wertfreie« Wissenschaft keins haben?

Noch der größte Irrsinn erhält, wenn nichts mehr hilft, den Persilschein des Sachzwangs – wobei tatsächliche Sachzwänge geleugnet oder vertuscht oder auch schon mal übersehen werden: nämlich der physikalische Sachzwang der Beschränktheit unserer natürlichen Ressourcen und der mathematischen Unmöglichkeit eines permanenten Wachstums. Weder der »Club of Rome«-Bericht Mitte der 70er Jahre noch »Global 2000« und auch nicht die warnenden Stimmen aus den Reihen grüner Politik vermochten daran etwas zu ändern. Im Norden, im Westen und im Osten, erst recht in den »entwickelten« Ländern des Südens steht der Wachstumsmythos noch immer in voller Blüte. Das Streben nach industrieller Expansion und Exportsteigerung, oft zulasten einer hinreichenden Pflege des Binnenmarktes, und der Rückgriff auf harte Technologie charakterisieren die kapitalistischen *und* die sozialistischen Wirtschaftssysteme. Kulturelle Faktoren, Wertorientierungen, Religion, Traditionen etc. stehen auf verlorenem Posten. Die ökonomischen Kräfte, die einst nur neben anderen wirken konnten, stoßen auf keine gesellschaftlichen Hindernisse mehr – und das trotz permanenter Wirtschaftskrisen, trotz wachsender Verelendung großer Teile der Bevölkerung auch in den Industrieländern.

Längst lassen sich ökonomische Krisen und Probleme nicht mehr durch nationalstaatliche Regelungsversuche allein in den Griff bekommen. Längst sind die Krisen der Ökonomie Krisen des Industrialismus schlechthin. Längst ist offenbar, daß auch diese Krisen Größenkrisen sind. Denn zwischen dem Wachstumsfetisch und der verletzten Grenzgröße besteht genauso ein innerer Zusammenhang wie zwischen der fortschreitenden Produktionstechnologie, ständig sich erweiternden Märkten und einem gigantischen informationstechnologisch-bürokratischen Koordinationsapparat.

Paradebeispiel für Grenzüberschreitung, für Krisenanfälligkeit, Überbürokratisierung und eine ungeheure Kontraproduktivität ist die Wirtschaftspolitik im Rahmen der Europäischen Gemeinschaft.

Während weltweit Jahr für Jahr Millionen von Menschen verhungern und nach Berechnungen der Weltbank mindestens eine dreiviertel Milliarde Menschen wegen Unterernährung nicht am Erwerbsleben teilnehmen kann, steht in den Ländern der EG Lebensmittelüberproduktion und Lebensmittelvernichtung auf der Tagesordnung. Zehn Milliarden DM pro Jahr kostet die EG allein die Lagerung von Überschüssen. Fünf Milliarden DM müssen für den Qualitätsverlust durch die Lagerung in Rechnung gestellt werden. 28 Milliarden DM müssen für Absatzkosten, Exportsubventionen und Werteinbußen gezahlt werden. Die Absatzgarantie für die Bauern kostet allein die Bundesrepublik pro Jahr acht Milliarden DM an Subventionen, 17 Milliarden sind es in der EG insgesamt.

Jeder Erdenbürger könnte heute satt werden; doch nicht nur in den armen Ländern, auch in den Subventionsländern wirkt sich eine solche Katastrophenökonomie zunehmend fatal aus. Die Abnahmegarantien und Subventionen für bestimmte landwirtschaftliche Produkte haben aus landwirtschaftlichen Mischbetrieben nicht selten Quasi-Monokulturen gemacht – und zwar mit einem erheblichen Investitionsaufwand der Landwirte selbst, die damit ganz und gar vom Funktionieren des Subventionskreislaufs abhängig wurden. Landwirtschaften wird ökonomisch rentabel nur mit höchsten Produktionsziffern; gleichzeitig jedoch ist die EG-Gesamtproduktion durch Quoten beschränkt. Auf den Einzelbetrieb bezogen läßt sich nur dann mehr erzeugen, wenn ein Nachbarbauer aufgibt – ein Teufelskreislauf, dem viele landwirtschaftliche Kleinbetriebe bereits zum Opfer gefallen sind.

Die Landwirtschaft ist der herausragende Fall, doch nicht der einzige. Das künstliche Hochhalten eines von der Geschichte längst disqualifizierten Wirtschaftens bestimmt auch die Stahl- und Kohlepolitik.

Eine Ökonomie ohne Ethik und Moral, mit Blick nur noch auf Mengen und Profit, läßt nicht nur den Hunger in der Welt außer acht. Sie richtet sich auch gegen die Natur und damit auf Dauer gegen jedes erträgliche und verträgliche Wirtschaften überhaupt.

So langsam wird uns bewußt, daß uns das sogenannte – westdeutsche – Wirtschaftswunder mit rund 40 000 toxischen Stoffen beglückt hat, deren Langzeitfolgen und Wirkungskumulationen noch weitgehend unerforscht sind. Täglich kommen neue hinzu. Wir leben längst mit der Gefahr künstlich herbeigeführter Ungleichgewichte in der Umwelt. Wir bedrohen permanent zum Beispiel das hochsensible Gemisch von Gasen, das als Erdatmosphäre bezeichnet wird und das sich in einem Gleichgewicht befindet, das fern des chemischen Gleichgewichts liegt.[19] Es stellt einen Zustand dar, der überlebensnotwendig und zugleich in seinem Zustandekommen weitgehend unbekannt ist. Die Verbrennung fossiler Brennstoffe bedroht dieses Gasgemisch, verändert seine Zusammensetzung. Neu synthetisierte chemische Stoffe entstehen, und niemand weiß, inwieweit sie die Atmosphäre verändern.

Treibgase (Fluorchlorkohlenwasserstoffe), die von der Industrie verwendet werden, zerstören seit Jahren den Ozonmantel der Stratosphäre, unseren Überlebensfilter also, der die tödlichen UV-Strahlen des Sonnenlichts abhält. Schon im September 1986 schlugen Wissenschaftler nach der Entdeckung des Ozon-Loches über der Antarktis Alarm – bislang ohne nennenswerte Folgen. Ja, die EG hintertreibt jederzeit mögliche Produktionsbeschränkungen; wissentlich werden Klimaumwälzungen, Hautkrebsepidemien, Mißernten und Schäden am menschlichen Immunsystem in Kauf genommen. Treffen wird dies in erster Linie unsere Kinder. Denn die Fluorchlorkohlenwasserstoff-Moleküle, die jeweils bis zu 10 000 Ozonmoleküle zerstören können, brauchen zehn bis zwanzig Jahre, um von Spraydosen, aus Schaumstoffen oder Kühlanlagen bis in die Stratosphäre zu gelangen.[20]

Allerspätestens seit Seveso, seit Bhopal und seit den Rhein-Katastrophen wissen wir, welche Lebensbedrohung von der Chemie-Industrie ausgeht. Kleine Störfälle und die stückchenweise Vergiftung von Wasser und Luft sind an der Tagesordnung – ebenso wie die Verharmlosung der Störfälle seitens der industriellen Repräsentanten. In der Bundesrepublik, so wird unablässig getönt, seien größere Katastrophen aufgrund des hohen technischen Standards praktisch ausgeschlossen. Sehen wir einmal davon ab, daß der technische Standard bei den Schweizer Katastrophen-Konzernen Sandoz, Hoffmann LaRoche und Ciba Geigy sicher nicht niedriger war und ist als bei Bayer, Hoechst und der BASF. Ein von der Zeitschrift »Natur« veröffentlichtes Geheimpapier aus dem Bundesumweltministerium räumt mit solchen verantwortungslosen Verharmlosungen auf: »Anlagen mit vergleichbarem Gefahrenpotential (wie in Bhopal; d. A.) gibt es zu Hunderten in der Bundesrepublik Deutschland. [...] Bei einem Störfall mit Freisetzung giftiger Gaswolken ist eine Warnung der Bevölkerung in der Regel nicht mehr möglich. [...] Die zahlreichen Chemieanlagen in der Bundesrepublik mit oft ungünstiger Umgebung haben ein beträchtliches Restrisiko, das weiter verringert werden muß«.[21]

Es waren wohl nur mehr oder weniger glückliche Begleitumstände, die in den letzten Jahren noch Schlimmeres verhinderten. Und bei aller weiteren technischen Verbesserung und Absicherung kann eben nicht übersehen werden, daß ca. ein Viertel bis ein Drittel der bislang registrierten Störfälle auf menschliches Versagen zurückzuführen sind. Die Studie des Bundesumweltministeriums: »Der nächste Störfall kommt bestimmt.«

Der Berg ruft nicht mehr – er kommt

Der Vorsitzende des Bundes für Natur- und Umweltschutz (BUND), Hubert Weinzierl, sagte bereits 1984, es stehe fest, daß das Sterben der Wälder unsere Länder stärker verändern werde als der Zweite Weltkrieg.

Seit Anfang der 80er Jahre, als das Waldsterben erstmals ins öffentliche Bewußtsein gerückt wurde, ist es kontinuierlich fortgeschriten. Waren anfangs nur die Tannen und Fichten betroffen, so ist es mittlerweile um das Laubholz schlechter bestellt. Es gibt keine Baumart mehr, die nicht irgendwelche Schadenssymptome aufweist.

Frederic Vester hat berechnet, daß ein einziger Baum von hundert Jahren im Laufe seines Lebens einen volkswirtschaftlichen Wert von 302 000 Mark, also das Zweitausendfache seines bloßen Holzwertes, repräsentiert. In diese Rechnung gehen die Leistungen des Baumes als Klimaregler, Erosionsschutz, Erholungswert, Stabilisator der Landwirtschaft und Garant der Artenvielfalt mit ein. Das Zweieinhalbfache des gegenwärtigen Bruttosozialprodukts (4 230 Milliarden DM) wäre aufzubringen, müßte die Leistung der Bäume durch menschliche Leistungen ersetzt werden. Was sind dagegen die 10 Milliarden DM, die eine Entschwefelung der heutigen Kraftwerke kosten würde?[22] Sie würden zu einer Erhöhung des Strompreises um gerade zwei Pfennig pro Kilowattstunde führen. Das scheint der herrschenden Politik der Wald nicht wert zu sein.

Ein enger Zusammenhang besteht zwischen der Zerstörung des Waldes und den Alpenkatastrophen. In den bayerischen Alpen wurden 1986 80 Prozent des Waldes amtlich als geschädigt registriert (in der Bundesrepublik insgesamt 54 Prozent). Von den 100–120jährigen Fichten, Tannen und Buchen waren 97 Prozent vom Waldsterben betroffen, der 1–20jährige Nachwuchs bereits zu 41 Prozent.[23] Und mittlerweile fallen auch die Flechten, die Latschen und andere, für die Bodenstabilität so ungeheuer wichtige Zwerggehölze der Umweltvergiftung zum Opfer.

Zum Waldsterben kommt der Raubbau durch Einschlagungen für Skipisten, kommt die Plattwalzung großer Flächen jenseits der Baumgrenze, kommt die zügellose Bebauung für den Tourismus, die Wildbachverbauung, die massenhafte Haltung von Schalenwild, das im Winter 50 bis 90 Prozent der Jungwald- und Latschentriebe verbeißt, abknabbert. Wo der Wald als aufnahmefähiges Wasserzurückhaltebecken verschwindet, schießt das Wasser während der Schneeschmelze und nach längeren Regenfällen in Sturzbächen zu Tal. Sie reißen den haltlosen Boden mit, schaffen Muren und Lawinen. Die Berge werden labil, die Täler zu Todesfallen für die dort lebenden Menschen. Le Grand Bornand, das Stubaital und das Veltlin sind überall. Fotos aus diesen Regionen belegen, was Hubert Weinzierl 1984 so kraß formuliert hatte.

Wenn der Boden seine Funktion als Erosionsschutz verliert, hat das nicht nur Folgen in den Alpen. Was dort mittelbar als Umweltvergiftung in der Erscheinungsform des Waldsterbens auftritt, kann in der Landwirtschaft durch unmittelbare Vergiftung und ökologisch widersinnigen Umgang mit dem Boden hervorgerufen werden. Wo von Jahr zu Jahr dasselbe angebaut wird, wo das Land nicht zur Regeneration einmal brach liegt, ist massive Kunstdüngerzuführung nötig. Das Gleichgewicht im Boden wird gestört. Mit der Abnahme des Anteils organischer Stoffe sinkt die Fähigkeit des Bodens zur Feuchtigkeitsspeicherung. Der Humusgehalt sinkt und zugleich die Durchlässigkeit der Erde. Der Boden wird trocken, steril, und stirbt. Er wird anfällig für Erosion: Trinkwasserprobleme als das größte künftige »Nahrungsmittelproblem« in der westlichen Welt sind eine Folge.

Das künstlich hervorgerufene Ungleichgewicht des Bodens provoziert das Eindringen von Pflanzenschädlingen und Pflanzenkrankheiten. Die Bauern antworten mit Gift und Chemikalien – oft vergebens, denn viele Schädlinge werden mit der Zeit resistent. Also müssen neue Mittel her.[24] Chemotherapie, oder besser noch chemische Kriegsführung gegen den Boden, sind die adäquaten Bezeichnungen für das, was hier geschieht.

John Seymour, Philosoph der Selbstversorgung schreibt: »Der Boden ist steril, da es ja keine Tiere gibt, die durch ihren Dung Fruchtbarkeit in ihn zurückbrächten, und er würde nichts zurückbringen, wäre er nicht mit chemischen Düngemitteln versetzt. Nitrogen, verbunden mit Oxygen auf Kosten ernormer, auf Öl basierender Energie, muß das Nitrogen ersetzen, das durch Bodenbakterien erzeugt worden wäre, bevor diese endgültig vergiftet worden sind, oder durch die Bakterien in den Eingeweiden der Tiere oder durch die Bakterien in den Knötchen der zu den Hülsenfrüchten gehörenden Pflanzen. [. . .] Der landwirtschaftliche Unternehmer tilgt die in der freien Natur vorkommenden Lebensformen, und sogar die Flüsse und Seen werden durch die Ausflüsse seiner Ländereien vergiftet.«[25]

Diese wenigen Beispiele sind keineswegs eine vollständige Wiedergabe unseres Tuns. In seiner Hybris und materiellen Verbohrtheit bedroht der Mensch die Erde, als sei sie nur für seine Begierden da. Wir sind fast alle an diesem verderblichen Spiel beteiligt: durch unsere Eßgewohnheiten, das Streben nach Luxus und Bequemlichkeit, die fast erotische Beziehung zum Automobil, durch den Skitourismus und viel zu vieles mehr.

Technik als Verletzung des Menschenrechts – das Atom

Aus welchem Jahr stammt dieses Zitat? »Es ist geradezu grotesk, wenn führende Politiker feststellen, daß der radioaktive Anteil der Milch *noch* immer steige, und schließlich beruhigend versichern, daß auch weiterhin, z. B. in Nordrhein-Westfalen, monatliche Proben von 37 Molkereien und 23 Trockenmilchwerken auf ihren Strahlengehalt untersucht werden sollen. Zudem hoffe man optimistisch auf ein Verfahren, welches die Milch von ihren radioaktiven Substanzen befreie! Statt die Ursachen, deren lebensvernichtende Auswirkungen hinreichend bekannt sind, will man auch hier nur die Folgen bekämpfen [...]. Angesichts der Tatsache, daß bereits die geringfügigste radioaktive Strahlung in der Summierung ihres Auftretens erhebliche Lebensschädigung verursacht, stellt man sich unwillkürlich die Frage, ob man es hier mit einer bewußten Volksverdummung oder aber mit einer allerdings nicht zu verzeihenden Unwissenheit zu tun hat.«[26]

Rolf Lohbeck schrieb dies nicht im Jahre 1986, im Jahr von Tschernobyl, sondern bereits 1966, nachdem weltweit das verheerende Ausmaß der Folgen überirdischer Atombomben- und Wasserstoffbombentests sichtbar oder, besser, meßbar wurde.

Alles ist seitdem über die Atomkraft in ihrer militärischen und zivilen Anwendung gesagt worden. Alles ist bekannt. Zur schleichenden Gefährdung großer Teile der Bevölkerung bedarf es keines zweiten Tschernobyl. Das kontinuierliche Wachstum der radioaktiven Umweltbelastung durch Atombombentests und durch kleinere Störfälle in den Atomkraftwerken leistet langsam, aber stetig genug. Daß Atomkraftwerke mehr oder weniger regelmäßig Störfälle zu verzeichnen haben, ist auch bekannt. Es ist täglich der kritischen Presse zu entnehmen. Warum sonst auch hat die Europäische Gemeinschaft die Grenzwerte für die radioaktive Belastung von Lebensmitteln nach Reaktorunfällen drastisch erhöht? Wäre die Kernkraft sicher, bedürfte es nicht solcher administrativer Wahnsinnsentscheidungen.

Harrisburg war nach geläufiger Definition nur ein Beinahe-GAU. Der amerikanische Strahlenforscher Ernest Sternglass hat nach Einsicht in die offiziellen Statistiken festgestellt, daß im ersten Jahr nach Harrisburg die Zahl der Todesfälle in der Region um 76 000 zugenommen hat und im zweiten und im dritten Jahr jeweils noch um einmal soviel. »Vielleicht sind in Harrisburg so viele Menschen gestorben wie in Hiroshima und Nagasaki zusammen.«[27]

Die Spätfolgen des Unfalls von Tschernobyl schwanken in den Schätzungen zwischen weltweit 500 000 und 50 Millionen Toten.[28] Strahlen kennen keine Staatsgrenzen und geben kein Bequerel auf ideologische Unterschiede. Das ganze Ausmaß der Bedrohung wird erst ersichtlich, wenn der weitere Ausbau der Kernenergie weltweit mitbedacht wird, auch die Entwicklung von Atommeilern in Ländern der Dritten Welt. Meldungen wie die aus dem Frühjahr 1987, die besagten, daß die Werktätigen in einem Atomkraftwerk in Indien zur Durchsetzung von Lohnforderungen in einen mehrtägigen Streik getreten sind, ohne das Werk abzuschalten, könnten dann bald an der Tagesordnung sein. Und wenn sich die Zahl der Länder erheblich vergrößert, die den »friedlichen« Atombetrieb zur Herstellung von A-Bomben nutzen, könnten in kürzester Zeit Hunderttausende von Atomwaffen hergestellt werden.[29] Nicht auszuschließen ist, daß dann kriegführende Länder die Atomkraftwerke in ihre Bombardements einbeziehen. Wer sagt, die Kernkraft sei sicher, lügt.

Wer Atomkraftwerke befürwortet, befürwortet den autoritären Sicherheitsstaat. Denn Atomkraftwerke bedürfen der Rundumbewachung in jeder Phase des Betriebs, ob im Normalfall oder im Störfall. Was in die Kraftwerke eingeführt wird, muß schon während der Produktion genauso überwacht werden, wie der Abfall, der das Werk wieder verläßt. Allerspätestens seit dem Bekanntwerden der kriminellen Machenschaften der Hanauer Atom-Mafia kann sich dieser Einsicht niemand mehr entziehen. Der gesamte Atomenergiekreislauf ist ein Kreislauf von Anfälligkeit und Bedrohung – von innen und außen. Dieser Kreislauf entzieht sich jeder Demokratie und Selbstbestimmung. Er ist herrschaftsverstärkend, die Zentralisierung beschleunigend, den Polizeistaat fördernd. Robert Jungk hat das mit dem Bild vom »Atom-Staat« hinreichend beschrieben: der Atom-Staat schafft Gewalt in der Gesellschaft, strukturelle Gewalt und physische Gewalt. An die Stelle von Politik tritt Polizei. Die Energieform diktiert die Form der staatlichen Ordnung. Die Kernenergie schafft damit auch Machtbedarf, neben dem Profit, den sie für wenige abwirft.

Die Strahlung des gespaltenen Atoms ist unsichtbar. Wir sehen sie nicht, wir hören sie nicht, wir schmecken sie nicht und spüren sie nicht. Sie stellt eine Form der Bedrohung dar, die sich der direkten menschlichen Wahrnehmung entzieht. Sie läßt den von ihr Betroffenen keinerlei Chance zur unmittelbaren Erfassung und zur Reaktion, zum Treffen von Schutzmaßnahmen. Die künstlich hervorgerufene atomare Strahlung entmündigt und verurteilt zur Ohnmacht. Sie entwertet damit das gesamte traditionelle und anthropologisch tief verwurzelte Sicherheitsdenken.[30] Schutzmaßnahmen gibt es nicht. Und erstmals gilt das für jede Klasse, für jede Schicht. In diesem Sinne ist die

Kernkraft egalitär. Und auch wenn es noch nicht jeder gemerkt hat: in diesem Sinne war Tschernobyl ein tiefgreifender kultureller und anthropologischer Schock.

Daß die herrschenden Politiker, nicht nur in der Bundesrepublik, darauf als einzige Antwort ihre Restrisikophilosophie verkünden, offenbart den Zynismus auch in Systemen, die sich ansonsten einiges auf ihre demokratische Kultur zugute halten können. Vor der Geschichte wird sich die Atomkraft als der Prüfstein dafür erweisen, was unsere Verfassung de facto wert ist.

Der achte Tag der Schöpfung – die Gentechnologie

Die Gentechnologie ist eine der neuen Methoden, die seit den 50er Jahren die Biologie mehr und mehr zur synthetischen Wissenschaft machen bzw. bereits gemacht haben. Gentechnologie, das ist die gezielte Veränderung von Organismen, ist die Rekombination von Erbgut im Reagenzglas oder, wissenschaftlicher formuliert, in vitro. Gentechnologie ist Selektion von Eigenschaften, Zellverschmelzung, ist genetische Manipulation bis zur Kreation eines neuen Lebewesens. Die Gentechnologie steht in der herrschenden öffentlichen und politischen Diskussion neben den Informations- und Kommunikationstechnologien für *die* Schlüsseltechnologie bis zum Jahr 2000 und vermutlich darüber hinaus.

Die Entschlüsselung des genetischen Codes als Voraussetzung jeglicher Manipulation am Erbgut war 1966, exakt 100 Jahre nach der Entdeckung von Vererbungsregeln bei Erbsen durch den Abt Gregor Mendel, abgeschlossen. Mit ihrem Struktur-Modell der DNS (Desoxyribonukleinsäure), der Doppel-Helix, hatten die beiden Cambridge-Forscher Crick und Watson 1953 den entscheidenden Durchbruch geschafft. Sie konnten sich dabei vor allem auf Vorarbeiten von Oswald T. Avery, (Nachweis der Speicherung von Erbinformationen durch die DNS) und Erwin Chargaff (Zerlegung der DNS in ihre chemischen Bestandteile) stützen. Ende der 60er Jahre ermöglichte die Entdeckung der sogenannten Restriktionsenzyme das »Öffnen« der DNS-Helix und das Einkleben anderer, zusätzlicher DNS-Teilchen oder Erbinformationen. »Mikroorganismen mit derartig verändertem (rekombiniertem) Erbgut können nur im Labor beliebig vermehrt (kloniert) werden. E.-Coli-Bakterien, denen auf diesem Weg beispielsweise das Gen für menschliches Wachstumshormon oder für Insulin eingebaut worden ist, sind dann gezwungen, dieses Protein zu produzieren – obwohl es für ihren eigenen Stoffwechsel völlig uninteressant ist.«[31]

Mikroorganismen können nun natürlich auch auf bestimmte interessante und vor allem verwertbare Eigenschaften hin selektiert und gezüchtet werden.

Die heutigen Anwendungsgebiete der Gentechnologie sind vielfältig.[32]

Medizin: Gentechnisch produzierte Substanzen befinden sich seit Jahren auf dem Markt. Wachstumshormone (». . . könnte auch den Kindern geholfen werden, die etwas zu kurz geraten sind . . .«[33]), das Insulin oder Alpha-Interferon sind hierfür Beispiele. Bestimmte Kulturen lassen sich zur Früherkennung von Krankheiten und zur gezielten Therapie einsetzen. In der Entwicklung befinden sich Impfstoffe gegen die verschiedensten epidemischen Krankheiten, von der Tollwut bis zu Aids. In Vorbereitung ist die Herstellung körpereigener Wirkstoffe, mit denen sich etwa die Bluterkrankheit bekämpfen ließe.

Ernährung: normaler Pflanzenwuchs: ade. Dem Food-Design gehört die Zukunft. Neue Hefe soll den Teig schneller aufgehen lassen; künstliche Süßstoffe verdrängen den Zucker; Marmeladen und Konfitüren zeigen kräftigere Farben; Eiscreme wird erst richtig cremig; Zucker, Fette, Öle, Kaffee und Kakao sollen im Labor entstehen; Gemüse werden verpackungsfreundlich umgezüchtet; die Farbe der Paprika kann frei gewählt werden, je nach der Farbe der Serviette auf dem Eßtisch oder der Haartönung der Dame des Hauses.

Landwirtschaft: Schon in der Vergangenheit waren genetische Verfahren von immenser Bedeutung für die Landwirtschaft. Zu etwa 50 Prozent ist auf sie die Steigerung der Ernteerträge in diesem Jahrhundert zurückzuführen. Für die Zukunft stehen in erster Linie eine Intensivierung der Bodendüngung mittels Stickstoff produzierender Mikroben und der Einsatz von Zellkulturen zur Züchtung von Hybridpflanzen an. Sie sollen schneller wachsen, ertragreicher sein und resistent gegen Krankheiten und »Schädlinge«. Sie sollen in auch klimatisch und von der Bodenbeschaffenheit her ungünstigen Regionen angebaut werden können und sich selbst düngen.

Betroffen ist natürlich auch die Tierzucht. Künstliche Befruchtung, Superovulation und Embryotransfer sind schon heute selbstverständlich; das leistungs- und fleischertragsfördernde Nachhelfen durch Wachstumshormone bei Schweinen und Rindern beginnt, sich den Weg in die Ställe zu bahnen.[34]

Energieproduktion: wenn die fossilen Rohstoffe aufgebraucht sind, soll Getreide zur Treibstoffherstellung dienen. Doch auch für noch nicht erschlossene Bodenschätze können die Kleinst-Heinzelmännchen von Nutzen sein – etwa als »Bergleute«, die Metalle aus Gestein ätzen, konzentrieren und damit den Abbau erleichtern. Zur Wiederaufbereitung von Kupferabfällen, aber auch zur Kupferförderung werden entsprechende Verfahren bereits seit Jahren in den USA eingesetzt. Die Verwendung spezieller Mikroben etwa zur Reinigung von Metallkatalysatoren ist ebenso denkbar wie der Mikrobeneinsatz bei der Ölförderung.

Umwelt: glaubt man den Versprechungen der Industrie, werden die meisten der heutigen, industriell verursachten Umweltprobleme durch gentechnisch manipulierte Mikroben zu lösen sein. Etwa durch den Abbau von Giften, wie dem Dioxin, durch das »Auffressen« von Öl- und Benzinverunreinigungen, durch die biologische Aufbereitung von Industrie- und Hausmüll oder auch durch die biologische Ersetzung umweltschädlicher chemischer Prozesse und Produkte.

Humangenetik: der körperlich »perfekte Mensch«, Traum aller Human- und Sozialhygieniker, rückt in die Nähe des Wahrscheinlichen: »Mit pränataler Diagnostik können jetzt schon einige Erbkrankheiten erkannt und spätere Behinderung durch frühzeitige Abtreibung ›verhindert‹ werden. Mit Genom-Analyse und Arbeitnehmer-Screening lassen sich genetische Anfälligkeiten für bestimmte Giftstoffe entdecken; außerdem meint man, im menschlichen Genom die Anlage zu Herz-Kreislauf-Krankheiten, Schizophrenie oder gar Kriminalität ausfindig machen zu können. ›Somatische Therapie‹ durch Gen-Chirurgie soll in absehbarer Zeit Erbdefekte an Individuen reparieren können; ›Keimbahntherapie‹ an Embryonen würde die radikale genetische Umgestaltung von Menschen ermöglichen und auf künftige Generationen vererbbar machen.«[35]

Sehen wir einmal davon ab, daß auch bei der Gentechnologie das Militär seine schmutzigen Finger mit im Spiel hat[36] und sich neue Killer-Mikroben bzw. Killer-Killer-Mikroben ersehnt: es hat ganz den Anschein, als eröffne die neue Bio-Wissenschaft den Weg ins saubere, wohlversorgte und höchstleistungsfähige Paradies der Olympiakörper und Nobelpreisgehirne. Ja, in einer Zeit des schwärmerischen Aufbruchs zu neuen/alten Bio-Ufern gerät die Biotechnologie nur gar zu schnell in den Dunst bio-dynamischer Verklärung. Dort allerdings hat sie weiß Gott nichts verloren. Die Gentechnologie ist die Ausdehnung des Industrialisierungsprinzips auf die Evolution und den ökologischen Kreislauf. Nicht mehr und nicht weniger steht auch hinter dem Begriff Bio-engineering. Am deutlichsten kommt das wohl zum Ausdruck durch das Ansinnen der beteiligten Forscher und Unternehmen, ihre »Errungenschaften« dem Patentschutz zu unterstellen: Patente auf das Leben und die Natur – in den USA bereits eine Selbstverständlichkeit.

Das in der Gentechnologie ruhende Gefahrenpotential ist gewaltig.

Sie kann auf indirektem Wege in der Medizin zu einer weiteren Vernachlässigung der Prävention führen. In der Landwirtschaft wird es statt des erhofften Mehr-Wert-Segens die bestehenden Strukturkrisen verschärfen. Und Embryonen können zu Versuchsobjekten werden: bei der In-Vitro-Fertilisation, d. h. der Befruchtung in der Glasschale oder dem Reagenzglas, entstehen meist mehr als drei Embryonen. Nicht mehr als drei sollen allerdings in die Gebärmutter eingebracht werden, um das Risiko einer Mehrlingsschwangerschaft möglichst gering zu halten. Was aber geschieht mit den restlichen Embryonen? Werden sie im Labor weiterentwickelt? Produziert man auf Halde? Sind es mehr als Gerüchte, daß in manchen Pharma-Konzernen das Experimentieren mit Embryonen bereits genauso an der Tagesordnung ist wie Versuche mit abgestorbenen Föten?

»Manche Dinge, die heute in gynäkologischen Kliniken vorgehen, wären vor 40 Jahren vor den Nürnberger Gerichtshof gebracht worden. Es handelt sich nämlich um verbotene Experimente an Menschen. Früher wurden abgestorbene Embryonen bestattet, heute sind sie beliebtes und gesuchtes Versuchsmaterial für Genforscher«, schreibt Erwin Chargaff.[37]

Von der ethisch-moralischen Bewertung her nahe an den Embryonenversuchen liegt die kommerzielle Eugenik, die mögliche genetische Aufschlüsselung eines jeden Menschen. Neue Dimensionen von Vorurteilen und damit neue Dimensionen der Diskriminierung sind nicht ausgeschlossen. Haben Versicherungen, zukünftige Arbeitgeber und Justizbehörden bald einen Anspruch auf Wissen, wie das Genom ihrer »Klienten« aussieht? Sind Genom-Pässe denkbar?

Was machbar schien, wurde in der Vergangenheit noch immer irgendwann auch realisiert. In diesem Falle hieße das die Schaffung eines neuen biologischen Kastensystems.

Mikroorganismen lassen sich nicht einsperren wie Katzen oder Hunde. Entsprechend wahrscheinlich sind Unfälle. Bekannt wurde der Fall der für Versuchszwecke gehaltenen afrikanischen Grünen Meerkatzen im Jahre 1967. Obwohl die Tiere monatelang in Quarantäne waren, infizierte sich in Marburg und Frankfurt Laborpersonal an einem bis dahin völlig unbekannnten Virus. Die Meerkatzen waren nur Träger des Virus, selbst aber nicht erkrankt. Von achtzehn infizierten Menschen starben sieben.[38]

Dieser Fall wie auch 1986 die Vorgänge im Pariser Institut Pasteur, einem Forschungszentrum für Molekularbiologie[39], zeigen, daß sich, auch bei aller Vorsicht, Dinge ereignen können, die nicht vorhersehbar sind, weil den Forschern das umfassende Wissen über das fehlt, was sie tun.

Fatal für die Umwelt außerhalb des Labors kann es sein, wenn sich ein durch Laborversuche freigesetzter, bislang unbekannter Virus ausbreitet. So kann nach wie vor nicht ausgeschlossen werden, daß der AIDS-Virus von Laboraffen auf den Menschen übertragen worden ist – wenn er nicht gar, wie das u. a. der Ostberliner Molekularbiologe Segal behauptet, im Militärlabor künstlich entstanden ist. Selbst diese äußerst umstrittene These harrt noch immer ihrer seriösen Widerlegung.[40]

Trotz aller Unwägbarkeiten, die bei der Freisetzung gentechnologisch veränderter Mikroben einzukalkulieren sind, betreiben viele Forscher ein wahres genetisches Roulette. Im Sommer 1987 etwa wurden vom Institut für Genetik in Bayreuth erstmals für die Bundesrepublik Deutschland gentechnisch veränderte Mikroorganismen gezielt in der offenen Natur freigesetzt. Und das, obwohl die Gen-Technik-Enquête-Kommission des Deutschen Bundestages aufgrund der wissenschaftlich noch nicht abschätzbaren Folgen solcher Experimente kurz zuvor ein Moratorium für Freisetzungen gefordert hatte.

Trial and error statt seriöser Forschung

Auch in der Chemie gab es immer wieder Fälle von Katastrophen, die man erst spät erkannte, dann aber in den Griff bekam. Das DDT-Desaster, das 23 Jahre als weltweite Vergiftung andauerte, und die Contergan-Affäre sind dafür die vielleicht bekanntesten Beispiele. Der Unterschied zu den Bio-Organismen besteht jedoch darin, daß diese lebendig sind, enorm mobil und reproduktionsfähig. Und sie sind nicht rückholbar. Gentechnologische Eingriffe sind irreversibel.

An Warnungen hat es nicht gefehlt. Die Planung von Experimenten mit Krebs erregenden Viren brachte 1974 die führenden Köpfe der amerikanischen Genforschung dazu, einen Aufruf zu verfassen, in dem der Verzicht auf bestimmte DNA-Experimente gefordert wird. Daraufhin verabschiedeten ein Jahr später 140 Wissenschaftler aus 16 Ländern im kalifornischen Asilamar ein Sicherheitskommuniqué. Die darin formulierten Richtlinien wurden jedoch nur wenige Jahre eingehalten.

Gentechnologie und Atom-Technologie haben einiges gemeinsam.

Beide setzen irreversible Prozesse in Gang, beide greifen in das Leben ein, beide sind nur begrenzt versteh-, kontrollier- und beherrschbar. Beide sind deshalb nur existenzfähig, wenn ihre dauerhafte Unsicherheit toleriert und durch die Restrisikophilosophie abgesichert wird. Die Gentechnologie geht da über die Atomtechnik noch hinaus, wo ihre Forscher sich zu Maßschneidern der menschlichen Existenz und des menschlichen Schicksals erheben – und das, ohne zu überschauen, was sie tun, ohne die Verantwortung für ihr Tun zu übernehmen.

Der Gedanke könnte naheliegen, hier handelte es sich gegebenenfalls nur um eine Weiterführung der Evolution, um den menschlichen Vollzug eines weiteren Teils des Schöpfungsplanes. Ich stimme eher der Überzeugung von Erwin Chargaff zu, der den Eingriff in die Grundbausteine des Lebens als »Sündenfall der Wissenschaft« bezeichnet. Ein Sündenfall mit Tradition, könnte man hinzufügen, ein Sündenfall, der das Mechanisierungs- und Industrialisierungsprinzip zu Ende denkt und praktiziert: die Gentechnologie als finale Wissenschaft.

Politik als Verbrechen – die atomare Rüstung

Gäbe es einen Komparativ von final, er gebührte den modernen Waffentechnologien. Der Superlativ wäre ihr Einsatz.

Die ökologische Krise, die Atomkrise und die gentechnologisch bedingte Evolutionskrise entwickeln und vollziehen sich als mehr oder weniger linearer Prozeß. In dessen Verlauf schlagen kontinuierlich sich akkumulierende Einzelereignisse und Vorgänge in neue Qualitäten der Betroffenheit und Destruktion um. Die modernen Waffentechnologien verkörpern demgegenüber die Vernichtung des evolutionären Gesamtsystems als punktuelles Ereignis. Sie drohen leise, weitgehend unsichtbar, weil bewußt im Dunkeln gehalten, doch immer präsent und allzeit bereit, mit dem evolutionären Super-GAU.

Der Krieg und die Drohung mit ihm sind nichts Neues. Beides ist dauernde Wirklichkeit seit dem Ende der Frühgeschichte, seit der Formierung hierarchischer, herrschaftlich-staatlicher Gesellschaftsorganisationen. Frieden verkam zur Abwesenheit von Krieg. Das Wort macht nur Sinn in der Gewöhnung an Krieg als Normalität und an die Gewalt als Normalität. Das Wort Frieden spiegelt somit zugleich immer eine Organisation von Gesellschaft wider, deren tragende Prinzipien Macht, Herrschaft und Gewalt sind. Ja, in der herrschaftlichen Vereinnahmung von Frieden erscheint dieser nur mittels Macht herstell- und aufrechterhaltbar, was in der Pax romana erstmals seinen imperialen Niederschlag findet.

Die Atombombenentwicklung hat diesen Un-Zustand höchst widersprüchlich weitergetrieben und zugespitzt. Mit der Bombe zu drohen ist mehr als Imponiergehabe, ist mehr als ein Truppenaufmarsch. Es ist die Drohung mit dem kollektiven Mord und Selbstmord. Es ist die Selbstinfragestellung in nicht zu überbietender, wahrhaft terroristischer Radikalität und Brutalität. Gut vierzig Jahre ist es gelungen, auf der Basis dieses Irrsinns in Teilen der Welt den Frieden zu bewahren, einen trügerischen Frieden allerdings, einen, der von der Angst lebt. Während die atomare Rüstungsspirale sich beharrlich weiterdreht, scheitern alle Versuche der Einsicht in das Unvorstellbare. Das Gleichgewicht des Schreckens bleibt. Wie ist das möglich?

Die Fähigkeiten und Eigenschaften des heute lebenden Menschen sind das Resultat eines viele Millionen Jahre dauernden Evolutions- und Selektionsprozesses. Er kann auch als ein unendlich langes Experiment mit Versuch und Irrtum beschrieben werden, als das Durchdeklinieren aller Möglichkeiten und die Beibehaltung des Sinnvollen. Ein Irrtum war mit keinem Risiko verbunden. Entwicklungslinien brachen ab, andere setzten sich fort. Das Leben an sich war nie gefährdet. Dieser Prozeß mündete beim Menschen in der Ansammlung solchen Erbguts, das dem jeweiligen Lebewesen eine überdurchschnittliche Überlebens- und Fortpflanzungswahrscheinlichkeit zugestand. Aggressivität, Ablehnung des Fremden und gegebenenfalls Bedrohenden, Förderung dessen, was dem eigenen Kollektiv zugute kam, sind hier an erster Stelle zu nennen – mit der Folge eines Ego-, Sozio- und Ethno-Zentrismus, der seine jeweilige Stabilität im Kampf gegen die jeweilige Außenwelt fand.

Die Atomwaffen stellen das evolutionäre Spiel von Versuch und Irrtum für den Planeten Erde grundsätzlich in Frage. Ein Irrtum würde den bisherigen Weg der Evolution beenden. Die Möglichkeiten dieser Waffen reichen über den Menschen hinaus. Ihre Entwicklungsdynamik als Teil der technologischen Dynamik liegt, in Geschwindigkeit ausgedrückt, um fünf bis sechs Zehnerpotenzen höher als die Geschwindigkeit der biologischen Evolution. Und das, obwohl der Mensch in seinen genetischen Grundlagen und seinen unbewußten und biologischen Verhaltens- und Einstellungsmustern die Steinzeit noch kaum verlassen hat.[41]

Die gesteigerte Welt- und Umweltkomplexität scheint für den sogenannten Homo sapiens auf der Ebene der Drohung und Bedrohung nur noch mit dem Rückzug auf das Letzte, die Manipulation und Infragestellung des Lebens, beherrschbar zu sein. Der Mensch hat sich ausgereizt. Eine Steigerung ist nicht mehr möglich. Und damit schwindet die Handlungsfähigkeit.

Das Fatale an der aktuellen Entwicklung ist, daß die nach allen verbliebenen Restbeständen menschlicher Vernunft objektiv fehlende Handlungsfähigkeit in zweifacher Hinsicht überdeckt wird bzw. wieder aufgehoben werden soll. Da ist einmal das Drehen an der Rüstungsspirale, also die Steigerung des von der Wirkung her an sich nicht mehr Steigerbaren um ein Vielfaches. Und da ist zum anderen das Ansinnen, die große Apokalypse zu zerstückeln in kleine Häppchen der Bedrohung. Es ist dies das Denken des Undenkbaren, die Planung des führbaren Atomkrieges.

Die ersten Generationen von Atomwaffen machten nur Sinn als Vergeltungswaffen. Ihre Zielgenauigkeit war schlecht, ein taktischer Einsatz de facto ausgeschlossen. Das Resultat ist als »Gleichgewicht des Schreckens« in allen Köpfen gegenwärtig. Auch dem schlimmsten Falken war unter diesem Vorzeichen bewußt: Atomarer Angriff ist sicherer Selbstmord.

Das scheint sich geändert zu haben, zumindest in den Hirnen der sogenannten Verteidigungsexperten. Die neuen Waffensysteme sind sehr zielgenau und haben nur noch eine äußerst kurze Vorwarnzeit. Sie steigern aufgrund der totalen Abhängigkeit von elektronischen Kontrollsystemen die Gefahr eines versehentlich ausgelösten Atomkrieges beträchtlich; Gegenkontrollen sind praktisch ausgeschlossen. Dem Gegner bleibt nur die Möglichkeit automatischer Reaktion: mit der Chance täglicher Fehlalarme. Und die neuen Waffensysteme lassen sich denken als Erstschlagswaffen, als Enthauptungswaffen, die den Gegner handlungsunfähig machen. In Krisenzeiten könnte dann ein atomarer Angriff als die beste Verteidigung verstanden werden.

Weltraumwaffen und das SDI-Projekt gehören zur letztgenannten Konzeption. Vorausgesetzt, sie funktionieren, wofür gegenwärtig wenig spricht, würden sie die Überlebenschance der Angreifenden durch das Abfangen der verbliebenen gegnerischen Vergeltungsraketen erheblich steigern – zumindest kurzfristig. Mittelfristig holen der radioaktive Fallout, der atomare Winter, Seuchen und Epidemien wohl auch den letzten Erdenbürger heim.

Bei den Weltraumwaffen muß zudem mitbedacht werden, daß ihre Installation die Rüstungsspirale zu weiteren dramatischen Drehungen veranlassen wird. Denn es ist kein System denkbar, das eine hundertprozentige Trefferquote aufweisen wird; zudem ist SDI leicht unterlaufbar. Der potentielle Gegner wird deshalb nach aller militärischen Logik durch eine Vervielfachung seiner Sprengkopfkapazitäten den »Nutzen« des Abwehrsystems zu kompensieren trachten.

Befürchtet werden muß, daß, so oder so, Militärs wie auch sogenannte Verteidigungspolitiker den Einsatz von Atomwaffen in Europa planen.[42] Der ehemalige Verteidigungsminister der USA, Robert McNamara schreibt: »Es gibt immer mehr Hinweise, daß wir darauf vorbereitet sein sollten, einen Atomkrieg zu führen und zu gewinnen, daß wir uns von einem umfassenden strategischen Schlagabtausch innerhalb von zwei bis vier Jahren erholen. Aber auch andere, die nicht soweit gehen wollen, sagen, daß wir uns die Ausrüstung zulegen sollten, oder diese Ausrüstung bereits haben, um einen auf Europa begrenzten Atomkrieg zu führen und zu gewinnen.«[43]

Auf den einen Erstschlag unterstützenden Charakter des sogenannten Verteidigungsprogramms SDI hatten wir bereits hingewiesen. Ergänzend hierzu muß folgendes gesehen werden: die Elektronenstrahl-, Excimer- oder Deuterium-Fluorid-Laser, die es auf eine Leistung von 20 bis 30 Megawatt bringen sollen und die zur Zerstörung der sowjetischen Raketen schon in der Aufstiegsphase bestimmt sind, können auch auf die Erde gerichtet werden. Nimmt man die Planungen ernst, dann sollen hunderte solcher Laserkampfstationen im Orbit plaziert werden. Innerhalb von Minuten könnten sie in allen Städten der Sowjetunion Feuerstürme erzeugen. Unabhängig voneinander kommen zwei Studien aus den USA zu diesem Schluß.[44]

In engem Zusammenhang auch mit den Star-Wars-Plänen stehen schließlich die unterirdischen Atombombentests in der Wüste von Nevada. Wäre die Reagan-Administration auf das im August 1985 einseitig in Kraft getretene Test-Moratorium der Sowjetunion eingegangen (es dauerte bis Februar 1987), hätte sie zweifellos die Zuverlässigkeit bereits gelagerter Waffen reduziert, die Chance auf einen erfolgreichen Erstschlag eingeschränkt, Forschungen zu den Auswirkungen des elektro-magnetischen Pulses abbrechen müssen und schließlich die Weiterentwicklung von Waffen der dritten Generation blockiert (zu diesen Waffen zählen neben der Neutronenbombe[45] auch die durch atomare Explosionen betriebenen Laserkanonen). Das wollte man offensichtlich nicht.

Ohne eine Einstellung der Atombombentests wird es

keine Bremsung des Rüstungswettbewerbs geben und schon gar keinen Ausstieg aus der Atomwaffenbedrohung. Darüber sollte auch nicht die Abrüstung veralteter atomarer Waffensysteme hinwegtäuschen. Wer Atomwaffenversuche für unverzichtbar hält, spielt mit dem Gedanken des Atomkriegs, wenn er ihn nicht gar systematisch plant. Die Stationierung von Erstschlagkapazitäten in Europa und im All macht nur Sinn in der Verbindung mit einem Weltmachtstreben, das auf *Weltherrschaft* aus ist.

Eine kleine Elite militärischer Technokraten wacht über unsere Sicherheit. Ideologien und Wunschphantasien dominieren die Politik. Unsere Politiker sprechen von »Frieden schaffen mit immer weniger Waffen« und geben ein Drittel des Haushalts fürs Militär aus. Heinrich Böll sagte 1984 in einem Interview: »Ich halte jede einzelne Rakete, fast jedes Geschoß, das produziert wird, angesichts einer zu zwei Drittel hungernden bzw. an Hunger sterbenden Menschheit einfach für Blasphemie.«[46]

Vernetzung – die Computermetapher wird Wirklichkeit

In der ökologischen Krise findet das Lebensbedrohende seine sichtbarste Form. Die sterbenden Wälder, die zubetonierte Natur, stinkende Flüsse und chemisch »angereicherte« Luft entziehen sich nicht der sinnlichen Wahrnehmung. Wir sehen, riechen, schmecken und fühlen was vorgeht.

Das Erkennen der radioaktiven Bedrohung ist auf den Anblick ihrer Monumente beschränkt: die Kuppel eines Atommeilers, die Zäune um ein Raketendepot. Für ein Erkennen der Strahlen selbst hat uns die Natur nicht mit Sinnesorganen ausgestattet. Wir brauchen Apparate.

Die Bio- und Gentechnologie präsentiert nach außen

keine sichtbaren Symbole. Es sei denn, wir wundern uns über ein anscheinend zu groß geratenes Schwein oder über schwarze Paprikaschoten mit gelben Punkten oder darüber, daß die Nachbarin nun doch noch Kinder bekommen hat, und zwar gleich Vierlinge, von denen allerdings nur noch zwei am Leben sind.

Trotzdem, trotz aller Zugangsprobleme haben diese zivilisatorischen Auswüchse als Bedrohung ihren festen Stellenwert in der öffentlichen Debatte – wenn auch mit durchaus unterschiedlicher Zuweisung von Relevanz und wechselnden Aufmerksamkeitswerten. Viele Menschen verbinden mit den bislang erwähnten Technologien einen starken negativ belegten Symbolgehalt und eine ausgeprägt zwielichtige Metaphorik. Das ist bei den Informations- und Kommunikationstechnologien nicht der Fall. Sie sind in ihrer Erscheinungsform als Arbeitsgeräte oder Freizeitpartner selbstverständlicher Teil des Alltags und damit der Gewöhnung; vor allem aber stehen sie nicht für Gefährdung von Mensch und Umwelt, eher für das Gegenteil. Telefon, Fernsehen, Computer und Datenbank gelten als saubere Technologien, und das ist eine fatale Fehleinschätzung. Sie blickt vorbei an dem tiefgreifenden gesellschaftlichen Strukturwandel, den die Mediatisierung und Computerisierung mit sich bringt; sie negiert, was wir als informationelle und geistige Umweltvergiftung bezeichnen können. Und sie mißachtet den qualitativen Sprung, der sich in Entwicklung, Einsatz und Folgen der Informationstechnik zu vollziehen beginnt.

Die neuen Informations- und Kommunikationstechnologien, oft auch verkürzt als »neue Medien« bezeichnet, sind schon seit Jahren in der Diskussion. Doch diese Diskussion ist allenfalls am Rande in dem Maße öffentlich, wie das bei einem so zentralen gesellschaftlichen Problem eigentlich angemessen wäre. Und es ist eine Diskussion, in der gemeinhin immer nur die Ausschnitte akzentuiert werden, die interessenbedingt als vordringlich erscheinen.

Wird einmal die Computertechnik in ihren Auswirkungen für die Arbeitszeit erörtert, so stehen an anderer Stelle die neuen Medien im engeren Sinne zur Diskussion, also Kabelfernsehen, Bildschirmtext und Satellitenkommunikation. Werden einmal die wirtschaftlichen Wachstumsimpulse durch Informationstechnik hervorgehoben, so tauchen an anderer Stelle Aussagen zu Datenschutzproblemen etc. auf. Auch wenn nicht bei jeder Gelegenheit immer alles in gleichem Umfang zur Rede stehen kann, gerät bei einer dermaßen parzellierten Diskussion das Umfassende, das Gemeinsame, das Charakteristische der Entwicklung nur zu schnell aus dem Blickfeld und damit das, was das Neue an den neuen Medien und/oder den neuen Technologien ausmacht. Denn für sich genommen ist ja jede einzelne Technik nicht »neu«, ist alles immer nur eine Weiterentwicklung von bereits Bekanntem. Das Neue liegt vielmehr jenseits von Einzelanwendungen und Einzelfolgen, liegt in dem Zusammenschließen unterschiedlicher Entwicklungsstränge zu einer technischen Superstruktur, liegt in dem, was wir als Konvergenz-Technologie bezeichnen: alles umfassende Netzstrukturen führen zu einer Verschmelzung von EDV und Mediensystem, die Informationstechnik wird zur Universaltechnologie.

- Es ergeben sich Rationalisierungsprozesse in der Industrie *und* im Dienstleistungssektor;
- es kommt zu Veränderungen am Arbeitsplatz *und* in den privaten Haushalten;
- es werden individuelle Persönlichkeits- *und* kollektive Arbeitnehmerschutzrechte betroffen;
- *weder* im Berufsleben stehende Menschen *noch* alte Menschen *noch* Kinder bleiben unberührt.

In der Geschichte von Technikentwicklung und Technikeinsatz markieren die neuen Informations- und Kommunikationstechnologien somit einen qualitativen Sprung; man kann in ihnen die ersten Technologien in der Geschichte der Menschheitsentwicklung sehen, die alles berühren, betreffen und verändern. Die so gerne zur Relativierung herangezogenen Vergleiche mit der Erfindung der Dampfmaschine etwa, der Elektrizität, des Automobils oder des Telefons sind unangemessen. Zwar haben auch diese Techniken die Struktur und Organisierung der Gesellschaft tiefgreifend verändert, doch nicht in dem ganzheitlichen Umfang, wie wir das bei der Informationstechnologie erwarten müssen.

Wilhelm Steinmüller hat das Neue der Informationstechnologien als zweite industrielle Revolution bezeichnet, als die »quasi-industriell organisierte Mechanisierung und Maschinisierung geistiger Tätigkeit. Sie wurde infolge der zunehmenden Komplexität der hochindustrialisierten Wachstumsgesellschaften historisch notwendig, nachdem die Maschinisierung und Industrialisierung der körperlichen Arbeit organisatorisch mit den (bereits informationstechnisch gestützten) transnationalen Unternehmen und hinsichtlich der Ressourcen durch Erschöpfung der bisherigen Rationalisierungs-, Rohstoff- und Energiereserven an einem vorläufigen Endpunkt angelangt schien.«[47]

Was bei Steinmüller in einer der Sache angemessenen Terminologie als zweite industrielle Revolution oder als Industrialisierung des Geistes und des Soziallebens auftritt, firmiert ansonsten unter dem Begriff »Informationsgesellschaft«. Kaum ein anderer Begriff hat im vergangenen Jahrzehnt in der politischen und wissenschaftspolitischen Öffentlichkeit eine vergleichbare Karriere gemacht. Politiker führen ihn ehrfurchtsvoll im Munde, wenn sie technische und technokratische Entscheidungen legitimieren wollen; Wissenschaftler instrumentalisieren ihn als Schlüsselbegriff, der zu Forschungsgeldern verhilft und mit dessen Hilfe sich in die goldensten Utopien eindringen läßt. Informationsgesellschaft: sie löst das Atomzeitalter ab, verdammt endgültig smoggende Industriezentren auf den Müllhaufen der Geschichte.

Aber wie das mit Karrieren nun mal so geht: auf dem Weg in aller Munde bleibt nur zu oft das Wesentliche auf der Strecke, verschwimmt und verwässert das, was am Ausgangspunkt stand, und tritt statt dessen das in den Vordergrund, was eigentlich nur als Teil des Ganzen Sinn macht.

Was steckt hinter der »Informationsgesellschaft«?

Der Begriff geht wesentlich auf ein Buch von Daniel Bell zurück, das der Harvard-Professor 1973 unter dem Titel »The Coming of Post-Industrial Society« (Die nachindustrielle Gesellschaft) publiziert hatte. Bell schlüsselt fünf Dimensionen auf:

»1. wirtschaftlicher Sektor: Der Übergang von einer güterproduzierenden zu einer Dienstleistungsgesellschaft;

2. Berufsstruktur: Der Vorrang einer Klasse professionalisierter und technisch qualifizierter Berufe;

3. axiales Prinzip: Die Zentralität theoretischen Wissens als Quelle von Informationen und Ausgangspunkt der gesellschaftlich-politischen Programmatik;

4. Zukunftsorientierung: Die Steuerung des technologischen Fortschritts und die Bewertung der Technologien;

5. Entscheidungsbildung: Die Schaffung einer neuen ›intellektuellen Technologie‹.«[48]

Mehrmals wies Bell darauf hin, daß die nachindustrielle Gesellschaft einen Wandel der Sozialstruktur, mithin den Wandel einer gesellschaftlichen Einzeldimension umschreibe und nicht den Wandel der ganzen Gesellschaft.

Zugleich sei der Begriff samt seiner dimensionalen Aufschlüsselung als »Idealtypus« zu verstehen. Kennzeichnend für diesen Idealtypus sind dabei vor allem die neuen axialen Strukturen, festgemacht am Übergang von einer warenproduzierenden zu einer Informations- oder Wissensgesellschaft und dem Bereich des Wissens selbst mit einer Ablösung des Empirismus durch systematisches und theoretisches Wissen.

»Wie jede einschneidende gesellschaftliche Veränderung wirft natürlich auch die Entstehung der nachindustriellen Gesellschaft Probleme des gesellschaftlichen Managementes auf [. . .]: Neue Hierarchien technischer Eliten und Bürokratisierung der Wissenschaft; Meritokratie und Geleichheit; Aufkommen einer antibürgerlichen Kultur, kommunale Gesellschaft und die Schwierigkeiten, einen Konsens zu erzielen, kurzum, Probleme, die die ganze Skala vom Ethos und den Werten bis zur politischen und sozialen Organisation umspannen.«[49]

Was Bell als Problemspektrum erkannte und was ihn allein schon nicht geeignet erscheinen läßt, als Kronzeuge für eine ungebremste informationstechnische Wachstumseuphorie mißbraucht zu werden, findet sich in noch zugespitzterer Form in den Überlegungen von Alvin Toffler. In seinem Buch »Die Zukunftschance« weist Toffler deutlicher auf die Rolle der informationstechnischen Errungenschaften zur Lösung eben dieser Probleme hin: »Wir brauchen Konferenzen, Fernsehsendungen, Wettbewerbe, Rollenspiele und simulierte Verfassungskonvente, auf denen ein breites Spektrum an kreativen Vorschlägen und neuen Ideen zur politischen Neustrukturierung geschaffen wird. Wir sollten bereit sein, dazu die modernsten verfügbaren Mittel einzusetzen – Satelliten und Computer, Videogeräte und interaktive Fernsehsysteme.«[50]

Toffler, bei allem Problembewußtsein ein heißer Verfechter der Informationsgesellschaft als einer individualisierten, automatisierten und marktfreien Gesellschaft, spannt damit auch den Bogen von der im wesentlichen volkswirtschaftlichen und makrosoziologischen Analyse und Argumentationsebene Bells hin zu der Miteinbeziehung des Privaten und der alltäglichen Lebenswelt.

Eine nachindustrielle Gesellschaft ist als Informationsgesellschaft eine immer entscheidend von der Informationstechnik geprägte Gesellschaft. Der Dienstleistungssektor als der schwerpunktmäßig informationsproduzierende und sich dabei der Informationstechnik bedienende Sektor nimmt in ihm die Schlüsselstellung ein.[51]

In den meisten wissenschaftlichen Abhandlungen zur Informationsgesellschaft und in Politikerstatements allemal bleibt allerdings eine wichtige Komponente unberücksichtigt. Es ist dies der hochkomplexe Zusammenhang zwischen dem relativen Reichtum der Information und Informationstechnik produzierenden Länder als Bedingung für genau diese Entwicklung hin zur Informationsgesellschaft: die Errichtung der informationstechnischen Infrastruktur wird teuer, allein der Ausbau der Fernmeldenetze kostet ca. 300 Milliarden DM. Diese Bedingung ist zugleich ihre Folge: Informationstechnik und die mit ihr verbundene Automatisierung, Rationalisierung und Effizienzsteigerung sind maßgeblich daran beteiligt, diesen Reichtum zu sichern. Hinzu kommt, daß dieser Reichtum auf der Ausbeutung anderer Länder, vornehmlich in der Dritten und Vierten Welt basiert und daß diese Länder bereit und in der Lage sind, die ja immer noch notwendigen Industrialisierungsmaßnahmen – wie etwa die Herstellung und Verbreitung von Stahl oder auch petrochemischer Stoffe und Produkte – durchzuführen.

Mit anderen Worten: das Modell der Informationsgesellschaft lebt von der vorausgesetzten Bereitschaft und

Möglichkeit vieler anderer Länder, in diesem Modell eine bestimmte Rolle zu übernehmen. Und es lebt damit von der vorausgesetzten Stabilität dieser Länder. Jean-Pierre Dupuy, ein Kritiker der Computergesellschaft, hat dies treffend formuliert: »Es gilt zu bedenken, daß das Überleben unserer reichen Gesellschaften mehr und mehr abhängt von der Stabilität solcher Gesellschaften, die Tausende von Meilen entfernt beheimatet sind.«[52]

Das Modell der postindustriellen Informationsgesellschaft, seine kontinuierliche Prägung in Politik und Werbung und die Einführung von Informationstechnik selbst haben in unserer Gesellschaft bereits ihre Spuren hinterlassen – etwa in der Sprache. Kommunikation, Information, Interaktion: das scheinen Begriffe aus dem Repertoire mathematisch-naturwissenschaftlichen Vokabulars zu sein, etwas, für das die technische Vermittlung wesentlich ist und dessen Sinngehalte sich in Bit-Raten erschließen lassen. Die direkte menschliche Kommunikation, das Inter-Agieren, also einfach das, was Voraussetzung, Ausgangspunkt und Gegenstand unmittelbarer Aneignung der Sozial-Umwelt ist, findet in diesem Verständnis keinen Platz – bzw. wird als technisch ersetzbar bzw. technisch vermittelbar deklariert.

Ursprünglich bedeutet »Kommunikation«, daß sie sich auf den unvermittelten Austausch zwischen Menschen in spezifischen sozialen Situationen bezieht. Die jeweilige soziale Situation, in der Kommunikation stattfindet, ist dabei von besonderer Bedeutung; sie trägt zum Verständnis und zur Verarbeitung dessen, was oder worüber kommuniziert wird, entscheidend bei. Wo Menschen miteinander von Angesicht zu Angesicht kommunizieren, verbal oder nonverbal, gibt es somit keine reine Information, keine Information an sich. Vielmehr ist Information nur

Bestandteil eines sozialen Prozesses, der durch die körperliche Anwesenheit der Kommunizierenden geprägt wird. Etwas von Angesicht zu Angesicht mit-teilen heißt, mit jemandem durch die soziale Form der Übermittlung etwas teilen. Jeder, der Übermittelnde und der Zuhörende, hat dabei etwas Eigenes, das seinem Vorwissen und seiner momentanen Befindlichkeit entspricht, und es entsteht zugleich durch die soziale Situation ein neues Gemeinsames. Der Gegenstand der Mitteilung ist in der Face-To-Face-Kommunikation auch eine soziale, kontextuelle Größe. In diesem Sinne ermöglicht und ist erst direkte Kommunikation soziales Handeln und die Aneignung unvermittelter Erfahrungen.

Maschinenkommunikation und die durch Maschinen vermittelte Kommunikation haben demgegenüber eine völlig andere Qualität: sie sind auf die Existenz, das Bedienen-Können und das Bedienen bestimmter Apparate angewiesen. Im Unterschied zur direkten menschlichen Kommunikation bedarf die indirekte technische Kommunikation einer Übertragungs- und Vermittlungsstruktur und der Codierung, weil hier eine syntaktische Reduktion der semantischen, situativ-pragmatischen und sigmatisch-deiktischen Informationen auf »Daten« stattfindet. Der Computer tritt als aktive und programmatische Instanz handelnd zwischen die »Kommunikations-Partner«, und zwar nicht medial, sondern autoritativ.

Die Unterscheidung zwischen Kommunikation und Informationsübertragung wird da wichtig, wo sich durch technische Innovationen und den gesellschaftlichen Wandel ein technisch gemeinter Kommunikationsbegriff zu verselbständigen beginnt. Wird das Verständnis von Kommunikation dergestalt eingeengt und seines ursprünglichen Charakters beraubt, dann wird in der Folge Kommunikationspolitik sehr schnell und ausschließlich zur Regelung all jener Prozesse, die lediglich mit technischer Informationsübertagung zu tun haben. Was sich auch auf Möglichkeiten, Bereiche und Räume der menschlichen Kommunikation und deren Förderung beziehungsweise Reorganisierung zu beziehen hätte, beschränkt sich auf Maßnahmen zur Förderung einer so oder so gestalteten informationstechnischen Infrastruktur. Gleichzeitig suggerieren die verwendeten Begriffe jedoch wesentlich mehr, als aufgrund ihrer Anbindung an technische Prozesse leistbar ist. Eines dürfte dabei klar sein: Information ist heute ein Korsett für unsere Sozialverhältnisse, ein Synonym für Macht. Was der Begriff als Transparenz und Offenheit suggeriert, meint de facto Struktur- und Herrschaftsverhärtung. Wer die jeweils hochentwickeltsten technischen Akteure, Medien und Informationskanäle kontrolliert, kontrolliert die Gesellschaft: eine Tatsache mit Geschichte, aber auch mit einer neuen Qualität.

Im Alten Testament, Psalm 139, heißt es:

»Herr, du erforschest mich und kennest mich. Ich sitze oder stehe auf, so weißt du es; du verstehst meine Gedanken von ferne. Ich gehe oder liege, so bist du um mich und siehst alle meine Wege. Denn siehe, es ist kein Wort auf meiner Zunge, das du, Herr, nicht schon wüßtest. [. . .] Diese Erkenntnis ist mir zu wunderbar und zu hoch, ich kann sie nicht begreifen. Wohin soll ich gehen vor deinem Geist, und wohin soll ich fliehen vor deinem Angesicht?«

Der Mythos, der um den Computer und die Informationsgesellschaft aufgebaut wird, erinnert nicht nur an den Tanz um das goldene Kalb. Er umgibt beides auch mit der Aura des allzeitlich und allgegenwärtig Allwissenden. Und in der Tat, die praktische Umsetzung dieses Mythos wird nahe an diese Vorstellung, diese negative und hier ganz und gar ungöttliche Vision heranreichen.

Informationsgesellschaft konkret – jeder ist mit jedem und allem verbunden

Die Konturen einer informatisierten Gesellschaft treten erst klar hervor, wenn eine computertaugliche Infrastruktur die Verbindungen zwischen den einzelnen technischen Systemen in Betrieben, Verwaltungen und Privathaushalten sicherstellt. Die Errichtung eines solchen Netzwerkes in der Bundesrepublik soll sich nach den Planungen der Bundespost in mehreren Stufen vollziehen.

Stufe 1: die bereits begonnene Verlegung von Kupfer-Koaxial-Breitbandkabeln zur Verteilung von Fernsehprogrammen (Kabelfernsehen) wird mit der Absicht einer annähernd flächendeckenden Verkabelung fortgesetzt. Direkt strahlende Rundfunksatelliten ermöglichen daneben auch einen kabelunabhängigen Empfang von Satellitenprogrammen. Die verschiedenen schmalbandigen Dienste (Telefon, Bildschirmtext, Datendienste) werden in einem digitalen Fernsprechnetz, dem ISDN[53] integriert. Ein Glasfaser-Overlay-Netz ermöglicht zwischen verschiedenen Großstädten Videokonferenzen/Bildfernsprechen und die Übertragung von größeren Datenmengen in hoher Geschwindigkeit.

Stufe 2: im sogenannten Breitband-ISDN auf Glasfaserbasis werden alle technischen Kommunikationsformen mit Ausnahme der Verbreitung von Hörfunk- und Fernsehprogrammen zusammengefaßt.

Stufe 3: ein Glasfaser-Universalnetz, das sogenannte IBFN, integriert alle technischen Kommunikationsformen, auch die Vermittlung von Hörfunk- und Fernprogrammen.

ISDN als computergesteuertes Kommunikationsnetz wird der erste Schritt sein, die universelle Datentechnik universell verfügbar zu machen. Denn durch die Digitalisierung lassen sich unterschiedliche Nachrichtenformen (Sprache, Musik, Daten, Programme, Texte, Grafiken, Bilder) auf die gleichen physikalischen Signale reduzieren und damit in einem einzigen Netz gemeinsam übertragen. Entwicklungen im Bereich der Sprach- und Bilderkennung sowie der künstlichen Intelligenz machen darüber hinaus bisher nicht formalisierte Nachrichtenformen verdatbar und damit automatisch vermittelbar.

Die vorläufige Endstufe auf dem geplanten Weg in die Informationsgesellschaft soll mit dem integrierten breitbandigen Fernmeldenetz (IBFN) erreicht werden. Technische Basis sind im wesentlichen aus Quarzsand hergestellte Glasfaserkabel, auf denen die Signale optisch mit Laserlichtstrahlen übertragen werden. Der Einsatz der Glasfaser erlaubt aufgrund der enormen Bandbreite eine mengenmäßig prinzipiell nach oben offene Übertragung von Informationen incl. Fernsehprogramme, je nachdem, wieviele Fasern zu einem Strang gebündelt werden.

Die neuen computertauglichen Netze werden unsere Gesellschaft wie ein Nervensystem durchziehen, vergleichbar mit dessen Funktion im menschlichen Körper. Von überall her wird dieses Netzwerk alles an Informationen transportieren und in riesigen Schaltzentralen, den staatlichen oder kommerziellen Computerhirnen zusammenlaufen lassen. Es ist die infrastrukturelle Basis der industriellen Informationsgesellschaft, die ihr ganzes Gesicht jedoch erst unter Hinzuziehung der Computertechnik selbst offenbart.

Werfen wir einen Blick auch auf diese Entwicklung.

Vom Werkzeug zum Denkzeug – die »Intelligenz« der neuen Computer

Sieht man einmal von den Pionieren auf dem Gebiet der Rechenmaschinen ab, wie etwa dem britischen Mathematiker Charles Babbage (1792–1871), der als erster eine Differenzrechenmaschine entwickelte und Denkanstöße für Generationen von Mathematikern und Physikern gab, sind Rechenmaschinen ein Produkt unseres Jahrhunderts, genauer des Zweiten Weltkriegs. Die ersten elektromechanischen und elektronischen Computer auf Röhrenbasis bezeichnet man auch als erste Generation. Die zweite Generation waren Transistorcomputer, die dritte Generation Rechner mit integrierten Schaltkreisen. Computer mit Schaltkreisen sehr hoher Integrationsdichte stellen schließlich die vierte Generation dar.

Doch ist die Entwicklung natürlich noch nicht an ihrem Ende angelangt, eher noch weit von ihrem Höhepunkt entfernt. Der manische Begriff, um den sich das gegenwärtige Sinnieren über die Computerzukunft rankt, ist die »fünfte Generation«. Eine tausendmal größere Geschwindigkeit als heute erwartet man von den neuen Rechnern. Ihre Grundlage werden nicht mehr arithmetische Operationen, sondern das symbolische, logische Schließen sein. Sie werden sich vom IPS (Information Processing System) zum KIPS (Knowledge Information Processing System) wandeln, ausgerüstet mit Bausteinen menschlichen Alltagswissens und der Fähigkeit, die einzelnen Wissensmerkmale untereinander in Beziehung zu setzen. Es werden lernfähige, zu Assoziation fähige Rechner mit einer hochgradigen Entscheidungsökonomie sein. Das höhere und schnellere Informationsangebot soll der Verbesserung von Mensch-Maschine-Kommunikation dienen. Ein Computer der fünften Generation wird Bilder, Graphiken,

Daten und Sprache im Konversationsverkehr aufnehmen können.

Herkömmliche Computer, noch mehr jedoch die neue Generation, sind von erstaunlicher Leistungsfähigkeit, was das mechanische Ausführen algorithmischer Problemlösungsprozeduren betrifft. Sie sind jedoch noch Lichtjahre von dem entfernt, was das menschliche Gehirn etwa an Fähigkeiten beim Erkennen von Mustern entfaltet, bei der Bewältigung von Zufallsproblemen. Maschinen, die genau dieses leisten sollen, die quasi versuchen, die Funktionen des menschlichen Gehirns und seine anatomische Struktur nachzuahmen, werden Neuro-Computer genannt. Ihre Basis ist nicht mehr die Elektronik, sondern die Optik.[54]

Gerät die Grenze zwischen Mensch und Maschine tatsächlich ins Fließen? Nähert sich die Artificial Intelligence, die künstliche Intelligenz, dem Gehirn, der Krone der Schöpfung?

Wie schon bei der Analogiebildung hinsichtlich Kommunikation – Kommunikationstechnik und Information – Informationstechnologie haben wir es hier zunächst einmal mit einem sprachlichen Problem zu tun: mit der vorwitzigen Übertragung eines zur Anwendung bei Menschen geprägten Begriffes auf die Technik. Die technische Vereinnahmung von Intelligenz und Denken läßt in diesem Fall die ungeheuere Borniertheit der dafür zuständigen Naturwissenschaftler drastisch hervortreten. Man redet von künstlicher Intelligenz und ist gleichzeitig nicht in der Lage, menschliche Intelligenz eindeutig zu definieren. Vielleicht, weil sie nicht eindeutig ist? Oder weil man sie noch gar nicht erforscht hat? Die kümmerlichen Versuche der bürgerlichen Psychologie zur Intelligenzmessung sprechen für sich.

Vergleichbares gilt für das Denken. Selbst in seiner

wissenschaftlichsten und intuitivsten Form hat es Aufschlüsse hinsichtlich seiner selbst bislang nur in Grenzen zugelassen. Noch beherrschen schwarze Löcher das Feld der Erkenntnis über die Erkenntnisprozesse.

Kann also Gelassenheit angesagt werden? Das wiederum wäre fatal.

Hinter dem naturwissenschaftlichen Traum von der künstlichen Intelligenz steht ein Dogma: daß nämlich Intelligenz an sich und ihre unterschiedlichen Erscheinungsformen psysikalischen Ursprungs und somit mittels physikalischer Gesetze analysier- und interpretierbar sind. Demnach ist kein intelligentes Verhalten denkbar, das nicht im Computer simuliert werden könnte. Dieser ungeheuerliche und zugleich lächerliche Reduktionismus bleibt nicht folgenlos. Seine permanente Wiederholung und seine millionenfache Materialisierung in den Computern berühren zwar noch nicht das menschliche Selbstverständnis, sie können aber auf Dauer zu einem wesentlichen Wandel des Menschenbildes beitragen. Liegen auch de facto zwischen Intelligenz und künstlicher Intelligenz kosmische Dimensionen: die Gefahr liegt nicht darin, daß der Computer zum Quantensprung ansetzt und quasi vermenschlicht, sondern daß der Mensch in seinem Denken, seinem Verhalten und seinem Selbstbild sich mehr und mehr der Maschine anpaßt. Die in allen Lebensbereichen massenhaft vorhandenen und alle Lebensbereiche beeinflussenden Maschinen engen nichtmaschinierte Erfahrungen und Erlebnismöglichkeiten ein. Sie wirken so repressiv auf die Entwicklungsmöglichkeiten individueller Intelligenz. Sprache, Denken und Verhalten kann sich in der dauerhaften Konfrontation mit Maschinenlogik einer kanalisierenden Beeinflussung nicht entziehen.

Die Geschichtslosigkeit, Eindimensionalität und Algorithmizität des naturwissenschaftlichen Denkens feiert so ihren eigentlichen Triumph: der Mensch kann an das physikalisch Erklärbare angepaßt werden. Ist der Mensch erst Maschine, lassen sich auch menschengleiche Maschinen bauen. So wird künstliche Intelligenz zur Intelligenz, »Denken« zum Denken.

3 Hintergründe: Staat, Wirtschaft, Militär – das Interessenkartell

Technik und technische Strukturen sind nicht das Resultat eines natürlichen oder, besser, naturhaften Entwicklungsprozesses, sondern eines komplexen Geflechts mannigfaltiger Interessen. Dieses Interessengeflecht analytisch zu durchdringen bzw. soweit zu erhellen, daß es überschaubar wird, ist allerdings ein besonderes Problem, vor allem immer dann, wenn Interessen nicht unmißverständlich offengelegt werden bzw. sich hinter dem in der Öffentlichkeit argumentativ Vorgeschobenen etwas ganz anderes verbirgt. Die für Innovationen technischer Großprojekte typische Verquickung von privaten und vorgeblich öffentlichen Interessen soll hier exemplarisch an der Einführung der neuen Informations- und Kommunikationstechniken aufgezeigt werden.

Darf man den Versprechungen der Industrie und staatlicher Repräsentanten und Instanzen Glauben schenken, so dienen diese Technologien unbestritten dem Wohl aller. Gibt man sich damit allerdings nicht zufrieden, sondern fragt, wem sie denn vielleicht ein wenig mehr nützen als den anderen, stößt man auf interessante Perspektiven. Neben den militärischen, auf die wir noch eingehen werden, stehen ökonomische und Kapitalverwertungsinteressen im Vordergrund. Neuerdings kommt die informationstechnische Aufrüstung des Staatsapparates hinzu – in der

Bundesrepublik nicht zufällig in Weiterführung von (damals technisch unrealisierbaren) Plänen der späten dreißiger Jahre.

Die Bürokratie erwartet größere Steuerbarkeit, Wirtschaft und Industrie erwarten in den unterschiedlichsten Bereichen Wachstumsimpulse und neue Absatzmärkte. Das beginnt bei der Verlags- und Medienindustrie und reicht – damit eng zusammenhängend – über die werbende Wirtschaft und die Elektronik- und Computerbranche bis hin zum Handels- und Dienstleistungskapital. Das branchenspezifische, produktbezogene Kapitalverwertungsinteresse steht dabei in engem Zusammenhang mit dem allgemeinen Interesse an Produktivitätssteigerung, Rationalisierung und ökonomisch-politischer Kontrolle. Die industriellen Wachstumsinteressen nun fallen zusammen mit dem staatlichen Bestreben, durch eine Politik der Wachstumssteigerung zugleich die in den unterschiedlichsten gesellschaftlichen Bereichen sich offenbarenden Krisenerscheinungen informationstechnisch in den Griff zu bekommen bzw. zu verdrängen. Eine entsprechende Telekommunikationsinfrastruktur soll dafür die Voraussetzungen schaffen. Die von der Bundesregierung geplanten Daten- und Kommunikationsnetze sind in diesem Sinne sowohl als Vertriebsinfrastruktur wie auch als Rationalisierungs- und Kontrollinfrastruktur geplant und gewollt – genau wie die verstärkte Rationalisierung und Kommerzialisierung von Information und Kommunikation gewollt ist und nicht als unbeabsichtigte Nebenwirkung verharmlost werden sollte.[55]

Diese Interessen von Staat und Industrie bringen in erster Linie für die großen Konzerne einschneidende Vorteile mit sich. Die durch das Staatsunternehmen Bundespost aufgebauten Netzwerke zum Beispiel stellen infrastrukturelle Vorleistungen dar, die ganz im Sinne eines

Investitions- und Investitionslenkungsprogramms Investitions- und Planungssicherheit für die Industrie garantieren. Dies geschieht vor allem durch die mit der allgemeinen technischen Vorgabe notwendigerweise verbundenen internationalen Standardisierungen (EG, OECD). Das Entwicklungsrisiko der Industrie wird damit entscheidend verringert, zugleich wird, quasi ohne eigenes Zutun, ein – wie es aussieht – grenzenloser Markt erschlossen. Begleitet wird diese Form der Wirtschaftspolitik von einer ebenfalls mit wachstumsfördernden Effekten begründeten Sozialpolitik des Abbaus von Arbeitnehmerschutzrechten und Sozialleistungen. Der massiven Investitionslenkung steht eine Sozialpolitik der Deregulierung und der Privatisierung sozialer Risiken gegenüber. Eine derartige Sozialpolitik soll die neuen Anwendungen der Informations- und Kommunikationstechniken erleichtern[56] und zugleich den Widerstand brechen.

Der Ausbau des technischen Kommunikationssystems wird eine Zentralisation von ökonomischer und politischer Macht nach sich ziehen, die ohne Vorbild ist. In die Abhängigkeit der nationalen und internationalen EDV- und informationstechnischen Industrie geraten zunehmend auch die traditionellen staatlichen Macht- und Herrschaftsapparate. Das wiederum wird eine Forcierung der gesellschaftlichen Strukturanpassung an Kapitalverwertungsbedingungen und -interessen nach sich ziehen.

Hinreichend bekannt ist, daß nahezu alles, was richtungsweisenden Charakter in der Geschichte der Informationstechnologie erlangte, im militärischen Auftrag entwickelt und weiterentwickelt wurde. Spätestens im Zweiten Weltkrieg verschmolzen unter dem Vorzeichen der Rüstungsinteressen Wissenschaft und Technologieentwicklung dermaßen, daß wir seitdem vom militärischindustriellen Komplex sprechen. Wissenschafts- und Denkfabriken, wie das Massachusetts Institute of Technology (M. I. T.), die RAND Corporation, das Stanford Research Institute (SRI), die Los Alamos Laboratories sowie die Forschungslabors von Bell, IBM und Lockheed sind die bekanntesten Symbole dieser Entwicklung.[57]

Auch beim Aufbau der Computer- und vor allem Computernetzwerk-Infrastruktur schlagen militärische Interessen voll durch.

In einer Radiosendung Anfang 1987 hatte ich die Behauptung aufgestellt, daß hinter der Netzausbauplanung der Deutschen Bundespost nicht zuletzt militärische Interessen – sprich: Nato-Interessen – stehen. Der ebenfalls bei der Sendung anwesende Staatssekretär im Bundespostministerium, Dr. Winfried Florian, schrieb mir später: »Netzplanung und Netzausbau der Deutschen Bundespost sind völlig unabhängig von militärischen Konzeptionen und richten sich ausschließlich nach der Bedarfsdeckung an Kommunikationsdiensten im zivilen Bereich unter Berücksichtigung des jeweiligen technischen Fortschritts. In diesem Zusammenhang sind die Digitalisierung der Vermittlungs- und Übertragungstechnik sowie die Glasfaserverkabelung in den öffentlichen Fernmeldenetzen der Deutschen Bundespost Entwicklungsstufen zur Bewältigung der gestellten Anforderungen. Im Rahmen dieser Netze werden privaten Nutzern Mietleitungen für vorübergehenden oder dauernden Gebrauch zur Verfügung gestellt. Auch Militärdienststellen machen von dieser Möglichkeit Gebrauch, wenn die eigenen Übertragungskapazitäten nicht ausreichen. Allgemein gilt, daß Aspekte der allgemeinen Betriebs- und Störungssicherheit von Übertragungswegen von der Deutschen Bundespost grundsätzlich berücksichtigt werden. Besondere technische Vorkehrungen, die unter militärischen Aspekten stehen und die privaten Nutzern nicht eingeräumt werden könnten, werden von der Deutschen Bundespost hierfür nicht getroffen. Ich wäre Ihnen dankbar, [...] wenn Sie diese Klarstellung zur Kenntnis nehmen und Ihre Behauptung nicht wiederholen, daß hinter der Netzausbauplanung der Deutschen Bundespost gravierende militärische Interessen stehen.«

Ich bleibe bei meiner Behauptung und belege sie so: Was in den 20er Jahren dieses Jahrhunderts von dem amerikansichen Physiker und Nobelpreisträger Arthur Holly Compion erstmals theoretisch beschrieben worden war, erwies sich in Atombombentests, die amerikanische und sowjetische Militärs in den 60er Jahren durchführten, als bittere Realität: ein Phänomen namens EMP (elektromagnetischer Impuls). Es entsteht, wenn eine Atombombe in großer Höhe gezündet wird. EMP ist die Umschreibung für einen unsichtbaren Superblitz, der in jedes Gebäude eindringt und in 20 Nano-Sekunden mit einer Spannung von 50000 Volt pro Meter in alle metallisch leitenden, ungeschützten und nicht besonders gehärteten elektrischen und elektronischen Geräte einkoppelt, diese unbrauchbar macht, die Stromversorgung unterbricht und das Fernmeldenetz blockiert. Die Spannungen und Ampèrezahlen der EMP-induzierten Ströme sind mit den stärksten Blitzschlägen vergleichbar. Im Gegensatz zu diesen wirken sie erheblich schneller und werden gleichzeitig im gesamten Netz induziert, nicht nur an einer einzigen Stelle.[58]

Der EMP kommt zustande, wenn die bei einer Kernexplosion freigesetzten Gamma-Strahlen mit großer Stärke auf Luftmoleküle treffen und aus diesen Elektronen heraussprengen, die vom Magneteld der Erde eingefangen, in eine Kreisbahn um die Feldlinien gezwungen und zur Erdoberfläche abgeleitet werden. Wird etwa eine A- oder

H-Bombe von einer Megatonne Sprengkraft in 500 km Höhe gezündet, so wird dadurch auf der Erde zwar kein Mensch oder Gebäude direkt gefährdet, der elektromagnetische Impuls aber umfaßt einen Wirkungskreis von ca. 6 000 km Durchmesser. »Es ist durchaus möglich, daß eine einzige Detonation dieser Art die gesamte Stromversorgung (der USA, d. A.)soweit destabilisiert, daß sie zusammenbricht.«[59]

Kupferkabel leiten nun den EMP mit voller Wucht weiter; Glasfaser-Lichtwellenleiterkabel dagegen, in denen ja kein Strom fließt, sind quasi durchsichtig. Sie nehmen keine EMP-Energie auf und leiten keine Elektrizität weiter, so daß auch keine Stromstöße etwa in die hochempfindlichen Halbleiterschaltungen jagen können.

Militärs müssen an einer Glasfaserinfrastruktur als Basis der Fernmeldeinfrastruktur natürlich ein besonderes Interesse haben.[60]

»Als Übertragungsmedium [...] ist das LWL-Kabel (Lichtwellenleiter-Kabel; d. A.) eine ideale Lösung der fernmeldetechnischen Gesamtaufgabe. Es erfüllt auch die allgemeinen Forderungen nach Personal- und Materialeinsparung, nach Vereinfachung von Ausbildung, Installation und Materialhaltung. Selbstverständlich ist es nicht allein eine Frage der Machbarkeit, sondern auch der Verwundbarkeit und Überlebensfähigkeit, ob und wie die technischen Möglichkeiten der Zusammenfassung aller Übertragungsanlagen zu einem einzigen System sinnvoll genutzt werden können.«[61]

Bereits Ende der 60er Jahre wurden im Nordatlantischen Bündnis Forderungen nach einer Verbesserung und EMP-Anpassung der Fernmeldeverbindungen laut. 1969 legte der Saceur (Supreme Allied Commander Europe) ein Konzept vor, das die Zusammenfassung der Fernmeldemittel im Nato-Teil Europas (Allied Command Europe) verfolgte. Dieses Konzept wurde unter dem Eindruck des sowjetischen Einmarsches in die Tschechoslowakei auf die gesamte Nato erweitert. 1971 schließlich fiel die Entscheidung für ein »Nato Integrated Communication System« (NICS). In ihm spielen als Ergänzung zur Glasfaserverkabelung auch die Informationsübertragung via Satellit und Richtfunk eine besondere Rolle.

Keine Natopolitik und keine Natostrategie ist denkbar ohne die Nutzung der zivilen Fernmeldenetze. In Nicht-Krisenzeiten mietet die Nato diese Netze. Die meisten angemieteten Stromkreise sind ständig in Gebrauch, einige werden in Reserve gehalten und bei Bedarf abgefordert. Gut 40 Millionen DM zahlt die Nato in Europa für die Nutzung dieser Postdienste pro Jahr.[62] Im sogenannten Verteidigungsfall tritt die ZMZ, die zivil-militärische Zusammenarbeit, in Kraft. Hierzu gehören neben den unterschiedlichsten Kooperationsformen im Bereich der Logistik auch die »Vorhaltung nur militärisch zu nutzender Fernmeldeanlagen (Bundespost)« und die »Fernmeldeversorgung (Bundespost)«.[63]

Was das unter EMP-Bedingungen für die neue Glasfaserinfrastruktur heißen kann, mag folgendes Zitat verdeutlichen: »Die EMP-Auswirkungen auf die Zivilbevölkerung wären zwar chaotisch, ihre wichtigste strategische Bedeutung liegt jedoch in einem möglichen Zusammenbruch der Fernmeldenetze. Die militärische Führung der USA ist in starkem Maße auf Teile des zivilen Fernmeldenetzes als redundante Übertragungsverbindungen zu Flugkörpern, Bombern und atomaren U-Bootverbänden sowie zu Radarnetzen und anderen wichtigen militärischen Zentren angewiesen. In den ersten Minuten eines Angriffs könnte jeder Teil dieses Systems, der nicht hinreichend gegen EMP geschützt ist, zusammenbrechen. Nur vier Minuten nachdem Flugkörper von außerhalb der US-

Hoheitsgewässer abgefeuert worden sind, könnten EMP-Detonationen in großer Höhe stattfinden. Wie Falschalarme im Herbst 1980 gezeigt haben, benötigt die militärische Führung der USA einige Minuten, um sich der Echtheit der Meldung von Flugkörperstarts durch das automatische Aufklärungssystem zu vergewissern. Eine Störung der Fernmeldeverbindungen durch EMP könnte also schon innerhalb von Sekunden nach der Angriffsbestätigung eintreten [...] Auf lange Sicht dürften die Fernmeldesysteme in dem Maße unverwundbarer werden, wie die vorhandenen Kupferdraht-Telefonleitungen durch EMP-unempfindliche fiberoptische Leitungen ersetzt werden. Es wird jedoch bis gut Mitte der 90er Jahre dauern, bis wesentliche Teile des zivilen Fernmeldenetzes damit ausgestattet sind.«[64]

Und: »Die Natoländer haben damit angefangen, sich das Fernmeldesystem zu schaffen, das ihre gemeinsame Strategie der flexible response und Vorneverteidigung stützt und glaubhaft macht.«[65]

Es ist sicher kein Zufall, daß die Forderung nach atombombensicheren Fernmeldenetzen zusammenfiel mit Überlegungen in den USA, daß atomare Auseinandersetzungen prinzipiell führbar und auch gewinnbar seien. Das letzte Zitat sollte dies hinreichend verdeutlichen. Es soll in diesem Kontext auch nicht unerwähnt bleiben, daß die Schweiz einige ihrer Alpentunnel, die im atomaren Ernstfall zugleich als Atombunker fungieren sollen, mit Glasfasernetzen versehen hat. Im Fall eines nicht auszuschließenden atmaren Konflikts soll wenigstens noch der Informationstransfer zwischen den wichtigsten Überlebens- und Entscheidungszentren gewährleistet werden können; die Reichweite des EMP macht nun mal nicht vor der Neutralität von Staaten halt.

Im engen Zusammenhang mit der Entwicklung einer

militärisch-zivilen Glasfaserinfrastruktur kann ein Vertrag von 1980 zwischen dem US-Heer und der Deutschen Bundespost gesehen werden, in dem die Post zu einem Preis von etwa 125 Millionen Dollar zum Aufbau eines digitalen Fernmeldenetzes verpflichtet wird.[66] Ein nicht uninteressanter Auftrag, der auch Aufschluß gibt über die Gestaltungserfordernisse bei der Umstellung des gesamten Telefonnetzes auf Digitaltechnik – vor allem, wenn man diese Umstellung unter dem Vorzeichen betrachtet, daß sie Voraussetzung für die Umstellung auf Glasfasernetze ist.

Nicht in direkter Verbindung mit den Fernmeldenetzen, doch in enger Beziehung zum Aufbau eines integrierten militärisch-zivilen-technischen Kommunikationssystems steht die Frage der Standardisierung von Computerprogrammen. Innerhalb der amerikanischen Streitkräfte wurden in der Vergangenheit für computergesteuerte Waffensysteme und den Rechnereinsatz überhaupt etwa 200 verschiedene Programmiersprachen verwendet. Um zu einer Vereinfachung und Vereinheitlichung bei der Software-Entwicklung zu gelangen, gab das Department of Defense (DoD) eine Supersprache in Auftrag, die den Namen ADA erhielt. ADA soll den bisherigen Sprachenwirrwar in einem Software-Supergerüst integrieren; seit seiner Fertigstellung ist es, trotz erheblicher Anwendungsprobleme, zur Standardsprache der neuen amerikanischen Waffen- und Militärsysteme avanciert – mit Folgen. Denn alle Rüstungsproduzenten und Rüstungsimporteure müssen sich nach dieser Sprache richten. Da die großen Rüstungsproduzenten zugleich auch den zivilen Markt international mitbeherrschen, allen voran IBM, kann die mittel- und langfristige Konsequenz eine weitestgehende Dominanz dieses Software-Ungetüms in allen Computeranwendungsbereichen sein. Die Kommission der Europäischen Gemeinschaft hat aufgrund dieser Perspektiven bereits auf eine eigene Sprachentwicklung für den EG-Bereich verzichtet.

Seit 1983 findet das ADA-Programm seine Fortsetzung in STARS (Software Technology for Adaptable and Reliable Systems), einer Softwareentwicklungs-Konzeption, die bis 1990 abgeschlossen sein soll. Mit Hilfe von STARS wollen die USA im militärischen und zivilen Bereich ihre internationale Vormachtstellung sichern.

Verläuft die Entwicklung plangemäß, steht in absehbarer Zeit ein technisches Kommunikationssystem zur Verfügung, das neben der zivilen Nutzung voll für militärische Zwecke eingesetzt werden kann. Lassen wir uns nicht von mehr oder weniger verlockenden Roboter- und Heinzelmännchen-Träumen ablenken: wir befinden uns in einem Prozeß der durchgreifenden Militarisierung der Gesellschaft. Die Dimension der Vernetzung bewirkt einen tiefgreifenden gesellschaftlichen und kulturellen Strukturwandel.[67] Sie potenziert Komplexität und Unüberschaubarkeit; sie schränkt Handlungsfähigkeit ein. Sie schafft die Bedingungen für eine beliebig vermehrbare Menge von scheinbarem Sinn, von Sinnsurrogaten mit Drogencharakter, und vergrößert dadurch das gesellschaftliche Sinndefizit. Tritt uns die Vernetzung in der Glasfaser auch extrem klein und haarfein gegenüber – zusammen mit der ebenfalls physikalisch kleinen Chiptechnologie, ist sie eine Großtechnologie. Genau wie die Atom-, die Chemie- und die Biotechnik liegt sie jenseits der menschlichen Größe.

Die Kehrseite von Wachstum und Hochtechnologie – Kontraproduktivität und Anfälligkeit

Es gibt einen Zusammenhang mit naturgesetzlichem Charakter: die Zunahme an Komplexität und technischer

Leistungsfähigkeit geht einher mit steigender Anfälligkeit. Technische Kontrolle technischer Systeme erfordert ein jeweils höheres Niveau an technischer Komplexität. Ihre Hochrüstung in allen Lebensbereichen verkehrt sich hinsichtlich ihrer Ziele ins Gegenteil: die Kosten zur Unterhaltung und Kontrolle sowie der dahinterstehenden industriellen Armeen von Menschen provozieren Kontraproduktivität und die Selbstlähmung der Gesellschaft. Sie wird von ihrer eigenen Komplexität und ihrem eigenen Gewicht erdrückt. Die Expansion technologischer Innovationen steht in proportionalem Verhältnis zur sinkenden Effizienz.

Für die informationstechnische Infrastruktur liegt die Anfälligkeit auf mehreren Ebenen.

Zum einen nehmen mit wachsender Komplexität der technologischen Systeme deren technischen Selbstregulierungsfähigkeiten ab. Das heißt, ein Ausfall von zentralen Schaltstellen wäre folgenreicher von Mal zu Mal. Den abnehmenden Wahrscheinlichkeiten technischer Selbstkontrolle steht die gezielte Störung der Schaltstellen und Netze gegenüber.

Störungen können »soft« stattfinden durch Programm- und Datenmanipulation und -mißbrauch in jeder denkbaren Form; sie können »hard« stattfinden als neuartige Formen der Computer- und Netzsabotage. In jedem Fall ist das Resultat verheerend. Denken wir nur an die vollständige Abhängigkeit der politischen und ökonomischen Institutionen von der informationstechnischen Funktionsfähigkeit: ohne Rechner und Netzwerke könnte so gut wie kein Unternehmen, keine Versicherung, keine Bank mehr arbeiten. Die Verwaltungsbehörden auf Gemeinde-, Landes- und Bundesebene könnten ihren Betrieb einstellen. Es gäbe keine Zeitungen, die Versorgung wäre gefährdet, die medizinische Betreuung in den Kliniken würde empfindlich gestört, Notfälle könnten nicht gemeldet werden usw.

Der »Verband der Postbenutzer«, dem zu mehr als 85 % Großunternehmen, Geldinstitute, Versicherungen und Großinstitutionen der öffentlichen Hand angehören, stellte in einem Gutachten 1986 fest: »[...] muß gefordert werden, daß die ISDN-Ortsvermittlungsstellen erst dann in Betrieb genommen werden dürfen, wenn die Systeme im Wirkbetrieb so ausgetestet sind, daß Zusammenbrüche nach menschlichem Ermessen ausgeschlossen werden können. Wenn Datenübertragungen zusammenbrechen, dann hat dies immer schlimme Folgen, bricht aber eine Ortsvermittlungsstelle zusammen, dann ist dies eine Katastrophe.«[68]

Spätestens seit der Zerstörung des Rechenzentrums der Maschinenwerke Augsburg/Nürnberg (MAN) in Gustavsburg 1983, den Anschlägen im August 1985 auf die Rechenzentren von MBP/Hoesch in Dortmund und SCS in Hamburg, überhaupt mit den zunehmenden Anschlägen des nationalen und internationalen Terrorismus auf Rechenzentren der Elektronik- und Rüstungsindustrie zeigt sich, womit unter den Bedingungen einer integrierten Vermittlungsnetzstruktur gerechnet werden kann und gerechnet werden muß. Anschläge auf ISDN-Vermittlungsstellen bzw. die Glasfaser-Universal-Vermittlungsstellen sind nicht nur kaum auszuschließen, sie sind wahrscheinlich – genau wie die Anschläge auf die Glasfaserinfrastruktur selbst, die praktisch ungeschützt in geringer Tiefe unter den Bürgersteigen liegen.

Die Anfälligkeit der Computertechnologie hat mehrere Ursachen:[69]

- Die Abhängigkeit der Hardware von bestimmten Betriebsbedingungen;

- die Unsichtbarkeit von Vorgängen im Computer
- die Undurchschaubarkeit von Entscheidungszusammenhängen;
- die hohe Verarbeitungsgeschwindigkeit und die häufige Wiederholung desselben Vorgangs;
- die Konzentration von Daten;
- die Ausführung formal zulässiger Kommandos durch den Computer ohne Unterscheidung, ob deren Anlaß rechtmäßig oder unrechtmäßig ist;
- das räumliche und zeitliche Auseinanderfallen von Ursache und Wirkung;
- die Erwartung, daß der Computer keine Fehler macht, nachdem er einige Zeit zuverlässig gearbeitet hat;
- Abhängigkeit von gleichmäßiger Stromversorgung;
- Abhängigkeit von der Sorgfalt und Zuverlässigkeit des Bedienungspersonals;
- rigide Kontrollen und Sicherheitsvorschriften wirken oft frustrierend auf die Arbeitnehmer und bewirken so das Gegenteil der Absicht.

Gegen all diese Faktoren sind keine allgemeingültigen Sicherheitsempfehlungen und generellen Normen denkbar. Das bedeutet, daß es immer Sicherheitslücken gibt. Hinzu kommt, daß zwar anfällige Stellen beseitigt werden können, zugleich aber neue entstehen. Denn jedes Sicherheitssystem ist immer nur so gut wie derjenige, der es entwickelt und installiert hat. Die Erfahrungen mit den sogenannten Hackern haben gezeigt, daß es immer noch bessere Profis gibt, daß wahre Freaks den Bürokraten immer weit voraus sind. Und schließlich: Computernetzwerke, die als gesamtgesellschaftliche Netzwerke vorgesehen sind und damit immer offene Netzwerke darstellen, können nicht gleichzeitig gegen Mißbrauch massenhaft abgeschottet werden. Eine solche Forderung wäre ein Widerspruch in sich. Das heißt, Anfälligkeit wird inkurabel, wo technische Strukturen zur exklusiven Monokultur werden wie beim ISDN-Netz.

Durch Computerfehler ausgelöste Störfälle haben oft eine an sich unerhebliche Ursache, wie folgende Vorkommnisse zeigen.[70] In den USA subtrahierte 1979 ein Computer beim Design von Nuklearanlagen Belastungszahlen, anstatt sie zu addieren. Daraufhin mußten fünf Reaktoren abgeschaltet werden. Die verwendeten Rohre wiesen nach den (falschen) Berechnungen nur 15 bis 30 % der erforderlichen Stärke auf.

Ein Computer der Nasa interpretierte die Aktivität von Sonnenflecken falsch. Als Folge wurde der Wiedereintritt von Skylab in die Erdatmosphäre falsch berechnet.

Die am 1. September 1983 von der sowjetischen Luftwaffe über Sachalin abgeschossene südkoreanische Boeing 747 war möglicherweise aufgrund eines falsch programmierten Bordcomputers vom Kurs abgekommen. Es starben 269 Menschen.

In den seltensten Fällen werden solche Störfälle bekannt. Vertuschung von Schwachstellen im Computereinsatz ist in fast allen Institutionen oberstes Gebot, wofür gute Gründe vorliegen. Das Vertrauen in Banken und Versicherungen etwa wird nicht zunehmen, wenn bekannt wird, daß das Wildern in den Datenbeständen durch Hacker und andere Unbefugte nie ausgeschlossen werden kann. Gleiches gilt für große Behörden, gilt für Fluggesellschaften, die statt Bordingenieuren und Navigatoren mehr und mehr Bordcomputer einsetzen. In der Bundesrepublik wird der jährliche volkswirtschaftliche Schaden durch Computerkriminalität, Computersabotage und Computerfehler auf mindestens 15 Milliarden DM geschätzt.

Eine ganz neue Form von Anschlägen auf Computersysteme stellen die sogenannten Computer-Viren u. ä. dar.

Der Begriff wurde 1983 von Len Adleman an der University of Southern California geprägt.[71]

Als Computer-Virus bezeichnet man ein Programm, das andere Programme infiziert. Jedesmal, wenn ein Virus zum Beispiel durch das Starten eines verseuchten Programms aktiviert wird, kopiert es sich selbst in ein anderes, noch nicht infiziertes Programm. Jedes infizierte Programm ist sodann selbst Virusträger, und das Spiel setzt sich fort. Die »Infektion« breitet sich in EDV-Netzwerken epidemisch aus. Einer der Top-Hacker in der deutschen Computerszene, Stephen Wernèry sagte: »Das Virus kann als Programm jedwede vorstellbare und programmierbare Manipulationsaufgabe mit sich führen und verbreiten. Dadurch wird die Gebrauchsfähigkeit der Computer radikal in Frage gestellt. Das Virus kann ungehindert alle Abläufe verändern, verfälschen, ersetzen oder völlig andere Aufgaben ausführen.«[72]

Man stelle sich vor, ein ISDN-Netzwerk wird bei der Wartung infiziert. Die Verantwortlichen wissen nicht, worauf sie sich mit ihrem technischen Zentralisierungswahn einlassen. Dimensionen apokalyptischer Bedrohung ruhen abrufbereit in den computerüberwachten und computergesteuerten Waffenarsenalen. Aber nicht nur, daß es Außenstehenden immer wieder gelingt, in militärische Daten- und Entscheidungszentren »Online« einzudringen: die Fehlfunktionen aufgrund der Fehleranfälligkeit der Systeme selbst sind das wesentlich gravierendere Problem.

Fünf bundesdeutsche Professoren, hauptsächlich Informatiker, reichten im November 1983 im Zusammenhang mit der Nato-Nachrüstung »Verfassungsbeschwerde gegen den Betrieb von Frühwarn- und Entscheidungssystemen für atomare militärische Auseinandersetzungen in Europa« (FWES) ein. Sie wiesen u. a. darauf hin, daß ein besonderes Problem in den dramatischen Zeitrestriktionen liegt, unter denen alle Prozesse im Krisenfall abgewikkelt werden müssen. Ein mehrfaches Überprüfen möglicher Fehler scheidet de facto aus. Und in der Tat wird die waffentechnische Entwicklung durch eine kontinuierliche Verkürzung der Entscheidungsspielräume charakterisiert.

Waren es einst Tage, die zur Verfügung standen, nachdem Militärs Aufmärsche und Mobilmachungen beobachtet hatten, so sind es bei den Interkontinentalraketen noch gut 30 Minuten, bei den Mittelstreckenraketen gut 5 bis 6 Minuten, und bei SDI werden es gerade noch Sekunden sein. Menschen können dann gar nichts mehr entscheiden. Wo wie bei SDI gegebenenfalls Millionen von Variablen in Sekundenschnelle interpretiert werden müssen, liegt alles bei den Maschinen. Ihr Irrtum wäre das Ende der Menschheit.

1980[73] gab es in den USA 2159 Fehlalarme auf der Stufe 1, 69 auf der Stufe 2 und 5 auf der Stufe 3. Die Stufe 3 ist die Missile Attack Conference. Die Bomber haben bereits Kurs auf die UdSSR genommen, und die Raketen sind aus den Silos gefahren.

Die Unsicherheit in elektronischen Frühwarnsystemen wird von den Professoren, die 1983 Verfassungsbeschwerde einreichten, mit der Unsicherheit von Kernreaktoren verglichen. Ihre Schlußfolgerung: »Es handelt sich bei der Fehlfunktion eines FWES, die letztlich zu einem atomaren Beschuß der Bundesrepublik führen kann, nicht um ein a priori lokal abgrenzbares Ereignis. Das Risiko eines FWES-Fehlers ist um den Faktor 100000 bis 1 Million höher als für das Versagen eines modernen Kernreaktors.«

Hohe Fehlerraten, technische Anfälligkeit und Gefährdung durch Sabotage sind nicht nur ein Problem der Informations- und Computertechnik. Die Anfälligkeit der

Kerntechnik ist seit den Hunderten von kleinen und den beiden großen Störfällen in Harrisburg und Tschernobyl wohl jedem im Bewußtsein.

In Harrisburg gab es ein verhängnisvolles Zusammenwirken von Atom- und Computertechnik. Das Leitprogramm des Three-Mile-Island-Reaktors war so kompliziert, daß die Bedienungsmannschaft mehrere Stunden brauchte, bis sie die Bedeutung der computergesteuerten Alarmsignale endlich begriffen hatte.[74]

Auf ganz anderer Ebene, gleichwohl nicht weniger bedrohlich, liegt, was wir als Atom-Terrorismus bezeichnen können. Diesbezügliche Drohungen gibt es gegen die Atom-Industrie zuhauf, ohne daß deshalb umfassendere Sicherheitsmaßnahmen getroffen worden wären. Überfälle von gut ausgebildeten Terroristen auf Nuclear-Transporte, auf Raketentransporte, auf Atomkraftwerke oder Atomfirmen wie die Hanauer Skandal-Betriebe Alkem und Nukem liegen durchaus im Bereich des Möglichen. Ein Staat, dem mit radioaktiver Verseuchung glaubhaft gedroht wird, wäre beliebig erpreßbar.

Vergleichbares gilt für den biologischen und chemischen Bereich. In der Hand von Terroristen könnten biologische Waffen nicht ungefährlicher sein als radioaktives Material. Akten des US-Verteidigungsministeriums ist zu entnehmen, daß 1981 mehrere Liter Flüssigkeit mit Chikungunya-Viren aus einem Laboratoriumskühlschrank in Fort Dietrich im US-Bundesstaat Maryland verschwunden seien. Der frühere Militärwissenschaftler Neil Levitt, der zum Zeitpunkt des Geschehens mit Viren experimentierte, sagte daraufhin in einer eidesstattlichen Erklärung, die Menge der verschwundenen Viren reiche aus, um die Erdbevölkerung mehrmals zu infizieren.[75]

Dieser Störfall-Report ist fortsetzbar und sollte vor allem folgendes zeigen:
- Irren darf nicht mehr menschlich sein.
- Normalfall und Störfall verschmelzen zu einer Einheit.
- Wir leben in einem System vorgetäuschter Sicherheit.

4 Die Antwort des Staates: Repression

Das Leben mit der Gefahr berührt neben den betroffenen Menschen auch die Identität des demokratischen Staates. Ein Hochtechnologie- und Großtechnologiestaat ist aus Selbstschutzgründen darauf angewiesen, liberale und demokratische Freiheitsrechte in engen Grenzen zu halten. Transparenz, Offenheit und Mitbestimmung kollidieren ab einem bestimmen Niveau der technischen Überrüstung mit den systemimmanenten Sicherheitserfordernissen: der Atom-, Waffen-, Glasfaser-, Computer- und Biotechnikstaat *muß* repressive Züge zeigen. Er *muß,* notfalls gewaltsam, sichern, was ansonsten mit vehementen Auswirkungen außer Kontrolle geriete. Es ist ein Staat, der seine neue Identität aus der Panzerung gewinnt, und zwar aus einer Panzerung im mehrfachen Sinn: als Polizeipanzer, als Gefühlspanzer, in dem die Sensibilität für Bürgerrechte abhanden gekommen ist, und als Wissenspanzer, der gezielte Aufklärung durch Vertuschung von Gefahren blockiert. Das heißt: dieser Hochtechnologiestaat ist ein Überwachungsstaat. In ihm stellen Menschen den entscheidenden Unsicherheitsfaktor dar. Dieser Staat lebt vom Mißtrauen in diejenigen, für deren Wohl er ausschließlich zu sorgen hätte.

Die Bespitzelung und Überwachung politisch mißliebiger Gruppen und Organisationen sind in ihm genauso selbstverständlich wie die von Arbeitnehmern, die in sicherheitsempfindlichen Unternehmen und Industrien, etwa des Atom- und Elektronikbereichs, tätig sind[76] und wie die von Journalisten, bei denen sich gegebenenfalls Belastungsmaterialien gegen mißliebige Bürger rechtswidrig beschlagnahmen lassen. Der computerlesbare Personalausweis, das tragbare Datenfunksystem der Polizei, die Polizeizentralregister ZEVIS, PIOS und BKA-Dateien, der Flensburger Kraftfahrer-Daten-Pool, aus dem jede Polizeidienststelle die Namen und Adressen von 33 Millionen Fahrzeughaltern ziehen kann, die Personalinformationssysteme in den Betrieben und Behörden etc. liefern einen technologischen Apparat[77], in dem jede Bürgeraktivität registrierbar ist und kritische Demokraten mehr und mehr in die Ecke von Terroristen hineindefiniert werden. Seit den neuen Sicherheitsgesetzen ist das alles auch noch völlig »legal«.

Wir leben in sonnigen Zeiten für professionelle und pathologische Spitzel. Teile unseres Grundrechtsverständnisses stehen Kopf. Der Bürger ist nicht an sich unschuldig, sondern zunächst einmal Daten- und Merkmalträger. Seine Unbelastetheit und Unschuld stellt sich erst her, wenn bestimmte Merkmalskombinationen nicht zutreffen: das ist etwa das Prinzip der Raster- und Schleppnetzfahndung.

Aufschlußreich waren in dieser Hinsicht die Vorgänge um die Volkszählung 1987. Da wurde Post beschlagnahmt[78], erhielten einkommensschwache Bürger Bußgeld- und Zwangsgeldbescheide in Höhe von mehreren tausend DM, da bezeichnete der Bundesinnenminister Volkszählungsgegner als Terroristen, da sprach der Bundeskanzler, begnadet mit seiner späten Geburt, von Faschisten. Und das öffentlich-rechtliche Staatsfernsehen zensierte gar die Satire.

Der Kabarettist Dietrich Kittner wollte in Radio Bremen u. a. sagen: »Sehr geehrte Damen und Herren, der Gebrauchsanweisung für Ihren Bogen entnehme ich, daß man denselben ausschließlich mit schwarzem Bleistift ausfüllen soll. Leider besitze ich kein solches Gerät. Nur rote, grüne und blaue. Darf ich ausnahmsweise auch diese benutzen? Sollte ich jedoch gesetzlich verpflichtet sein, schwarze Stifte zu besitzen, teilen Sie mir dies bitte unter Angabe der einschlägigen Gesetzesstelle mit. Ich werde mir dann selbstverständlich sofort einen kaufen. Gewähren Sie mir ggf. einen Zuschuß zur Anschaffung eines solchen? Oder stellen Sie mir – bitte postalisch – einen vorschriftsmäßigen Stift zur Verfügung?«

Bremens Programmdirektor Hans-Werner Conrad stellte fest, daß diese Satire »quasi ein Ratgeber ›Wie boykottiere ich die Volkszählung und werde nicht strafbar?‹ und somit aus rechtlichen Gründen nicht sendbar sei.«[79]

Wird in naher Zukunft unser Land noch mehr ein Land der Mauern, der Zäune und des Stacheldrahtes sein? Werden wir an Computerzentren, Gen-Labors und Post-Vermittlungsstellen dasselbe antreffen wie vor militärischen Stützpunkten?

Eine Teilnehmerin an der Seniorenblockade in Mutlangen 1986 berichtet: »Dann stehe ich vor meterhohen dreifachen Wänden und Zäunen. Unsichtbar ist gemacht, was sich dahinter verbirgt, mit massiv vergitterten Stahlnetzen zwischen einbetonierten Eisenschienen und Stacheldrahtverhauen umgeben, von scharfdressierten Hunden, aber auch Gänsen bewacht. [. . .] Hohe Wachttürme, von Bewaffneten besetzt, und unzählige Scheinwerfer begrenzen die Szenerie. In welch einem Land leben wir eigentlich, wo unsere Freunde und Beschützer abschrekkende Zwingburgen vor dem angeblich zu schützenden Volk aufbauen?«[80]

5 Die neue Superkonvergenz – zu schnell für den Menschen

Die Beschleunigung der industriellen und technologischen Entwicklung ist gewaltig. Der Versuch, sie kritisch zu verfolgen, heißt, weit hinterherhinken. Wer aufmerksam bleibt, hat genug damit zu tun, sich auf das Verändernde zu konzentrieren. Was der Veränderung an unveränderten gesellschaftlichen Strukturmerkmalen zugrunde liegt, steht bereits nicht mehr zur Disposition – mangels Zeit. Die Überlebenskrise ist auch eine Krise der menschlichen Beziehung zu Zeit und Raum, zu raumzeitlichen Prozessen und Veränderungen. Ohne eine Koordination dieser Prozesse mit dem menschlichen Verständnis und mit ganzheitlicher Reflexion kann es keine humanen Veränderungen geben. Das Inhumane an den gegenwärtigen Prozessen resultiert zu einem erheblichen Teil daraus, daß wir nicht mehr wissen, was wir tun. Wir konzentrieren uns ganz darauf, es immer schneller zu tun. Wir greifen in systemische Zusammenhänge ein, die unverstanden sind. Wir verändern die Ordnungen, in denen wir leben, ohne daß wir in der Lage wären, ein präzises Bild von ihnen zu zeichnen. Den sich unserem Bewußtsein und unserem Erkennen widersetzenden Vorgängen und Tatsachen entfliehen wir durch Simulation und Modellbildungen, durch ohnmächtigen Reduktionismus. Das gestaltende Handeln, das noch verbleibt, heißt Krisenmanagement.

In der Vergangenheit gab es für einzelne oder doch zumindest für klar eingrenzbare Probleme meistens wieder einen technischen Ausweg. Technische Lösungen des durch Technik Verursachten oder zumindest Mitverursachten: das prägte die Pionierzeit und den Pioniergeist des Industrialismus. Vorhersagen für bestimmte Entwicklungsbereiche konnten gewagt werden. Sehr oft waren sie sogar überaus präzise.

Heute machen spezifische Entwicklungsstränge nicht mehr das Dilemma aus. Es ruht vielmehr in der Synergie, der Verknüpfung und Verwachsung aller Trends und Entwicklungen. Unterschiedliche Techniken vereinigen sich zu einem Ganzen. Die Integration ist mehr als bloß die Summe seiner Teile. Alles wirkt auf alles zurück und schafft zugleich etwas völlig Neues. Ein derartiges System verhält sich anders als irgendeines seiner Teile. Ein hochkomplexes Geflecht von Wechselwirkungen macht präzise Teilaussagen unmöglich. Dies gilt in gleichem Maße für die Konvergenz von Wissenschaft, Technik, Herrschaft und Kapital, die mit der Synergie auf der Ebene von Technologie korrespondiert.

Ich möchte diese Konvergenz die Synergie der zweiten Ordnung nennen. Sie schafft für den Menschen eine zweite Natur, eine neue Umwelt, ohne daß die in ihr vereinigten Technologiegruppen ineinander aufgehen und ohne daß sie die erste Natur des Menschen, seinen Körper und seine Wesenhaftigkeit, grundlegend verändert. Das wird erst erreicht werden durch die Synergie der ersten Ordnung. Sie vollzieht die Amalgamierung bislang voneinander getrennter Technologiegruppen. Sie führt zu einer Technik höchster Ordnung.

Sinnfälligster Ausdruck für die Synergie erster Ordnung ist die Verschmelzung von Biochemie, Elektronik und Gentechnologie. Das Ziel ist der Biocomputer, ist das Molekül als Speicher. Auf der Suche nach neuen Speicherheimaten für den Bit verspricht man sich von einem Rechner auf molekularer Plattform eine weitere Miniaturisierung um das Zehntausendfache und eine Ausweitung der Speicher- und Rechnerkapazitäten und -dimensionen, die die Totalerfassung alles Speicher- und Berechenbaren zuließe.

Neben der Miniaturisierung – und dem dann praktisch entfallenden Problem der Wärmeentstehung – liegt der Hauptvorteil organischer Moleküle gegenüber herkömmlichen Halbleitern in der Anordnung der Moleküle zu dreidimensionalen Gebilden. Damit würden wesentlich komplexere Schaltungen möglich. Mit dem Biocomputer und dem Biochip wird eines nicht allzu fernen Tages die genetisch manipulierbare (= programmierbare) Selbstreproduktion und -programmierung von Computern ebenso möglich sein wie das vollständige Ersetzen etwa von menschlichen Nervenzellen. Bioevolution und Technoevolution wären dann untrennbar verschmolzen.

Hans Moravec, Computerwissenschaftler an der Universität in Pittsburgh, glaubt, daß man schon zu Beginn des nächsten Jahrhunderts in Biochip-Bereiche vordringen kann; das meint, Chips können direkt ins Gehirn eingepflanzt werden. Es ist dann keine Frage mehr, daß diese Chips ihr jeweiliges Gasthirn überleben können: Unsterblichkeit auf technischem Wege. Moravec: »Philosophisch gesehen wäre die Unsterblichkeit technisch machbar.«[81]

Behält Moravec recht, wofür einiges spricht, dann behält auch Oswald Spengler recht, der 1923 schrieb: »Und diese Maschinen werden in ihrer Gestalt immer mehr entmenschlicht, immer asketischer, mystischer, esoterischer. Sie umspinnen die Erde mit einem unendlichen Gewebe feiner Kräfte, Ströme und Spannungen. Ihr Körper wird immer geistiger, immer verschwiegener. [...] Die Maschine [...] liefert die heilige Kausalität dem Menschen aus, und sie wird schweigen, unwiderstehlich, mit einer Art von vorausschauender Allwissenheit von ihm in Bewegung gesetzt. [...] Aber gerade damit ist der faustische Mensch zum Sklaven seiner Schöpfung geworden.«[82]

In den Kulturen des sogenannten Abendlandes zerfließen die in vielen Jahrhunderten gewachsenen Fundamente, die gesellschaftlichen, sozialen und kulturellen Orientierungen. Die schon aus früheren Zyklen menschlicher Geschichte bekannten großen Übergangsphasen können nicht mehr als Maßstab dienen. Die heutigen Dimensionen der Überlebenskrise sind zu gewaltig, zu ganzheitlich und zu global. Die kulturelle Identität der Postmoderne liegt in der Zerstörung. Vielleicht aber merken wir das gar nicht mehr, vielleicht vollzieht sich die Zerstörung zu leise, in mikroorganischen und mikroprozessuralen Strukturen.

6 Die Antwort von Politik und Gesellschaft – Ratlosigkeit, Ohnmacht, Irrationalität

Die Menschheit im allgemeinen und unsere Gesellschaft im besonderen werden nicht durch finstere Mächte bedroht. Alle, die für die vorhandenen Strukturen Verantwortung tragen, haben Namen. Namen tragen die Wissenschaftler, die ihr Forscherleben der Entwicklung und Perfektionierung von Destruktionstechnologien verschrieben haben. Sie können sich heute nicht mehr Entlastung durch eine angeblich gute Gesinnung verschaffen. Sie sind direkt verantwortlich für das, was sie tun, und als Wissenschaftler sollten sie wissen, was sie tun. Namen haben die Entscheidungsträger in der Wirtschaft, insbesondere der Großindustrie, denen Profit über alle Werte und alle Verantwortungsethik geht. Namen tragen die politischen Repräsentanten des Staates auf allen Ebenen.

Im Mai 1986, kurz nach Tschernobyl, erschien in der »Zeit« eine ganzseitige Anzeige mit unter anderem folgendem Text:

»Sie haben versagt.

Unsere Politiker haben sich totgestellt. Kein Ton von den Herren, die so gerne reden. Wenn jetzt Frauen ihre Kinder nicht mehr auf den Spielplatz lassen können, wenn die Landwirte ihr Blattgemüse umpflügen müssen, wenn Menschen der Strahlengefahr direkt ausgeliefert sind, entfaltet sich administrative Funkstille. Der Staat ist untergetaucht.

Ruhe bewahren, nur keine Aufregung. Gras darüber wachsen lassen: Die Atompolitik darf nicht gefährdet werden. Atomstrom schafft Arbeitsplätze, sagen sie.

Beschwichtigung von Ignoranten. Sie sehen nichts, sie hören nichts. Sie haben nur gelernt, wie man Wahlen gewinnt.«

Mit anderen Worten: die herrschende Politik ist mit ihrem (geringen Wortschatz an) Latein am Ende. Das Parlament erweist sich als handlungsunfähig, wenn es sich großen Fragen überhaupt stellt. Die Mittel und Methoden zur Entscheidungsfindung, die Verfahren der Politiksteuerung sind in nahezu jeder Hinsicht überholt. Die neuen Konvergenzprobleme werden mit klassischen Ritualen, einem geradezu mittelalterlichen Machbarkeitsverständnis und einem gegen null tendierenden Folgewissen angegangen.[83] Die politischen Institutionen und der Großteil der Politiker verstehen sich als Akzeptanzbeschaffer für neue Entwicklungen, Trends und Technologien, als Erzeuger von Hinnahmebereitschaft[84]: eine Herrschaft ohne Verantwortungsbewußtsein. Die eingestandenen Risiken werden als unvermeidbar und notwendig beschrieben, als selbstverständlicher Bestandteil des »Fortschritts«. Beunruhigung geht nicht vom Hunger und Elend in der Welt, vom Sterben der Natur, von der vielseitigen Lebensbedrohung aus; Beunruhigung bezieht sich auf die Sicherung von Wachstumsraten und des (atomaren) Waffenvorsprungs.

Fern der An-sich-Probleme, der alle und alles berührenden Dimensionen nährt sich solches Bewußtsein noch immer aus einem tiefverwurzelten, schwächlichen Feindbilddenken als Stärkedenken, als Überbietungs- und Vernichtungsdenken. Es ist ein Denken, dem die humanen Maßstäbe abhanden gekommen sind, wenn es sie jemals hatte. Dazu drei Zitate.

Richard Pipes, Berater von Präsident Reagan: »Die sowjetischen Führer müssen wählen zwischen der friedlichen Umwandlung des kommunistischen Regimes in Richtung auf das westliche Modell oder in den Krieg ziehen.«

Ronald Reagan: »Die Zivilisation wird sich des Kommunismus entledigen als eines traurigen, bizarren Kapitels der Menschheitsgeschichte, dessen letzte Seiten just in diesem Augenblick geschrieben werden. Die westliche Welt wird den Kommunismus nicht eindämmen, sie wird ihn überleben. [...] Wir werden uns seiner entledigen. Kommunismus ist eine Abweichung, keine normale Lebensweise menschlicher Wesen.«

Manfred Wörner, ehemaliger Verteidigungsminister: »Wenn ich mich draußen mit den Gemeinden (Kirchengemeinden; d. A.) herumschlage, dann finde ich dort häufig genug ein Verständnis des menschlichen Lebens, mit dem ich große Schwierigkeiten habe, eine *Verabsolutierung des Überlebens* in einer Art und Weise, bei der ich mich manchmal frage, ob sie wirklich noch mit dem Grundgehalt des christlichen Glaubens übereinstimmt.«[85]

Daniel Berrigan, ein amerikanischer Priester, der durch eine Pflugscharaktion 1980 bekannt wurde, charakterisierte solche Äußerungen so: »Wir haben es mit Behinderten zu tun, mit charakterlich Behinderten. Wir verhandeln mit einer irrationalen Macht.«[86]

Doch es sind nicht nur die herrschenden Kräfte, denen Versagen attestiert werden muß. Wo ist die Linke geblieben? Wo sind die Einsicht und der Mut, mit einem Dogma zu brechen wie dem von der Identität technischen und sozialen Fortschritts?

In ihrer verbürgerlichten Form, großen Teilen der Sozialdemokratie und der Gewerkschaftsbewegung also, signalisiert die Linke vor allem Anpassung und Resignation. Die Zwei-Drittel-Gesellschaft scheint unvermeidbar, die Arbeitslosigkeit ist bedauerlich, der stattfindende Kampf gegen die Arbeitslosigkeit aber ist einer der Arbeitsplatzbesitzer. Veränderungen sind nur erreichbar durch Einflußnahme auf bzw. Veränderungen von Produktionsverhältnissen, von der materiellen Basis also. Wo kämpft die Linke gegen die Megamaschine des Industrialismus?

Werner Heisenberg zitiert in seinem Buch »Das Weltbild der heutigen Physik« eine zweieinhalb Jahrtausende alte Geschichte aus den Schriften des chinesischen Weisen Dschuang Dsi.

»Als Dsi Gung durch die Gegend nördlich des Han-Flusses kam, sah er einen alten Mann, der in seinem Gemüsegarten beschäftigt war. Er hatte Gräben gezogen zur Bewässerung. Er stieg selbst in den Brunnen hinunter und brachte in seinen Armen ein Gefäß voll Wasser herauf, das er ausgoß. Er mühte sich aufs äußerste ab und brachte doch wenig zustande.

Dsi Gung sprach: Da gibt es eine Einrichtung, mit der man an einem Tag 100 Gräben bewässern kann. Mit wenig Mühe wird viel erreicht. Möchtet Ihr die nicht anwenden? Der Gärtner richtete sich auf, sah ihn an und sprach: Und was wäre das? Dsi Gung sprach: Man nimmt einen hölzernen Hebelarm, der hinten beschwert und vorne leicht ist. Auf diese Weise kann man das Wasser schöpfen, daß es nur so sprudelt. Man nennt das einen Ziehbrunnen.

Da stieg dem alten Mann der Ärger ins Gesicht, und er sagte lachend: Ich habe meine Lehrer sagen hören: Wenn einer Maschinen benutzt, so betreibt er alle seine Geschäfte maschinenmäßig; wer seine Geschäfte maschinenmäßig betreibt, der bekommt ein Maschinenherz. Wenn einer aber ein Maschinenherz in der Brust hat, dem geht die reine Einfalt verloren. Bei wem die reine Einfalt hin ist, der wird ungewiß in den Regungen des Geistes. Ungewißheit in den Regungen des Geistes ist etwas, das sich mit dem wahren Sinn nicht verträgt. Nicht, daß ich solche Dinge nicht kennte, ich schäme mich, sie anzuwenden.«

Was in dieser Legende auf den ersten Blick als Starrsinnigkeit, als dogmatische Verklärung eines alten Mannes erscheint, enthält bei genauerem Hinsehen eine tiefe Wahrheit über das Dreiecksverhältnis von Natur – Technik – Mensch.

Wo die vom Menschen geschaffene Technik vermittelnd und als Bestandteil zugleich in den Prozeß der Umweltaneignung eingreift, schafft sie zunächst Erleichterungen und steigert Effizienz. Ebenso führt sie aber zu Bindungen, zu Gewohnheiten, tritt zwischen Mensch und Natur und damit auch zwischen die Menschen, blockiert Sinnlichkeit über das Verstellen von Unmittelbarkeit, entfremdet. Die meisten dieser Gewohnheiten zur Alltagsbewältigung sind uns auch jenseits der Sachzwänge lieb geworden. Wir denken, daß wir nicht darauf verzichten können. Die Folge ist ein zunehmender Mangel an Sensibilität.

Es fehlt an Sensibilität etwa dafür, daß durch den Garanten für Mobilität, das Automobil, jährlich weltweit ca. eine Viertelmillion Menschen sterben, darunter sehr viele Kinder; an Sensibilität dafür, daß dieses Gerät, dem wir allzu oft mehr Zeit widmen als unseren Kindern, auf mehrfache Weise zur Zerstörung unserer natürlichen Lebensbedingungen beiträgt; an Sensibilität dafür, daß chemische Produkte, durch die so manche Krankheit gebändigt werden konnte, zugleich neue Krankheiten hervorrufen und die Umwelt erheblich belasten; an Sensibilität dafür, daß das Fernsehprogramm nur zu oft Vorrang vor wirklicher Kommunikation und Kontakt genießt; an Sensibilität dafür, daß ein Großteil junger Menschen die neuen Technologien längst so selbstverständlich vereinnahmt hat wie ihre Eltern das Auto. Oder sollten wir sagen: die Informationstechnik hat sie vereinnahmt?

Alle diese Beispiele lehren, daß die Ohnmacht der herrschenden Politik ohne das ohnmächtige Verhalten der Beherrschten nicht denkbar wäre. Was auch passiert, was auch droht, die strukturkonservativen Parteien streichen ein ums andere Mal die machterhaltenden Wahlstimmen ein. Was auch passiert, was auch droht, die alltägliche Praxis der Gestaltung des Lebens rechtfertigt auch die irrsinnigste Politik. Und nichts spricht gegenwärtig dafür, daß die heutigen Kinder mit der Welt eines Tages vernünftiger umgehen werden als wir.

Wo die Widersprüche des Fortschritts und damit die Widersprüche im Alltag gar zu offensichtlich werden, wo die Verheißungen des Industriesystems sich als gar zu dämonisch erweisen, entsteht zunächst Angst – eine diffuse Zukunftsangst, für die kein Sicherheitsexperte in Sicht ist. Diese Angst wird allerdings nur zu schnell überlagert von unserer Perfektion im Verdrängen und Vergessen, im Verdrängen vor allem des Tatanteils, den jeder trägt. Wir könnten es uns also leicht machen und schlußfolgern, daß jede Gesellschaft über die Bedingungen verfügt, die sie verdient.

So einfach ist es aber nicht. Viele Menschen leiden an den heutigen Zuständen, ein Gefühl der Hoffnungslosigkeit breitet sich aus, auch deshalb, weil für einen Großteil der beschriebenen Krisenphänomene die absehbaren Termine und die anschaulichen Symbole fehlen. Für die Gentechnologie, für SDI, für ISDN und für die Digitalisierung des Bewußtseins gilt dies in besonderem Maße.

Trotzdem gilt heute wie früher: wer gezielt und selektiv hören, lesen, sehen will, dem bleibt kaum etwas verborgen von der Überlebenskrise. Niemand kann noch einmal behaupten, er habe nichts gewußt. Daß sich eine Generation hinter dieser Lüge versteckt hat, ist genug.

Schließen wir dieses erste Kapitel.

Die positive Utopie der industriellen Moderne ist gescheitert. Die Geschichte hat alle diesbezüglichen Hoffnungen dementiert und demontiert. Sie läßt sich auch als kontinuierliche Effektivierung und Verfeinerung von Destruktionstechnologie nachvollziehen. Mit der selbstmörderischen Dynamik der Moderne und der brutalen Einsicht, daß alle tradierten Sicherheiten zerfallen sind, entlarvt sich die Behauptung einer Beherrschung dieses Prozesses durch das gestaltende Bewußtsein des Menschen als lächerliche, positivistische Illusion.

Sicher ist, unsere Weltbilder, kulturellen Orientierungen und auch Glaubensprinzipien stimmen nicht mehr oder sind zumindest äußerst spröde geworden. Sicher ist, daß das Ende des Zumutbaren erreicht ist.

Sicher ist, daß wir den Apologeten des Wahnsinns abschwören müssen.

Und sicher ist, daß wir keine Zeit mehr für den institutionellen Weg haben.

Widerstand ist Menschenrecht

1 Maschinensturm – Menschen im Kampf um das Überleben

Es gibt keine neue Technik ohne Opposition. Dies gilt für Vergangenheit und Gegenwart in gleichem Maße.

Neue Techniken berühren das Verhältnis der Menschen untereinander und ihr Verhältnis zur Natur. Der Kampf gegen sie ist deshalb immer auch Struktur- und Kulturkampf. Neue Techniken sind fast ausnahmslos herrschaftsverstärkend; zugleich schaffen sie neue Abhängigkeiten. Die Maschine ergänzt und erweitert die Herrschaft derer, die sie besitzen bzw. direkt oder indirekt über sie verfügen. Es liegt demzufolge nahe, daß der Protest gegen eine neue Technik in der herrschenden und beherrschten öffentlichen Meinung systematischer Abwertung und Denunziation unterliegt. Dies gilt auch für die herrschende Geschichtsschreibung. Sie verharrt gemeinhin in der negativen Klassifizierung des Protests und der Leugnung bzw. Unterdrückung seiner wirklichen Motive.

Beispielhaft hierfür ist die Auseinandersetzung mit dem sogenannten Maschinensturm. Der Begriff selbst ist schon parteilich, perpetuiert das Bild eines irrationalen, provinziellen und primitiven Revoltierens gegen die angeblichen Segnungen der Moderne.[1] Der Industrialismus wird mit naturgesetzlichem Charakter versehen, erhält eine absolute Qualität. Was sich an ihm zu reiben gedenkt, stellt sich selbst außerhalb der Rationalität des geschichtlichen Ablaufs. Der »Maschinensturm« kann aber auch anders gesehen werden, nämlich als eine – bezogen auf die Wahrnehmung der jeweiligen Gegenwart – bewußte und zutiefst rationale Ablehnung von Arbeitsweisen und Arbeitstechniken, die alle Lebens- und Überlebensbedingungen gefährden.

Im 17. Jahrhundert kam es zu heftigen Protesten gegen Frühformen der Industrialisierung. Sie richteten sich vor allem gegen die Einführung der Bandmühlen: halbautomatische Webstühle, die die Herstellung von Posamenten ohne Lehre und Gesellenzeit erlaubten. Weber in London gingen 1675 auf die Straße; auf Druck der zum sozialen und ökonomischen Abstieg verurteilten zünftigen Meister und Gesellen wurden 1668 in Nürnberg, 1676 in Köln und 1685 im gesamten Heiligen Römischen Reich Deutscher Nation die Bandmühlen verboten.

Das 18. Jahrhundert war durchgehend von Aktionen gegen Maschinen geprägt, wobei England im Zentrum stand. Der Kampf richtete sich in erster Linie gegen mechanische Webstühle, aber auch gegen Förderanlagen im Bergbau und Sägevorrichtungen. Zumeist gaben Arbeitsauseinandersetzungen den Anlaß.

Zu Beginn des 19. Jahrhunderts wurden die Ausschreitungen heftiger. Besondere Berühmtheit erlangten die luddistischen Aktionen zwischen 1811 und 1816. Die Luddisten nannten sich nach einem legendären und wohl imaginären, auf jeden Fall historisch nicht belegten »General Ludd«, genau wie der später »auftauchende« »Captain Swing« eine Art Robin Hood des emporstrebenden Industrialismus. Von 1811 bis 1812 zerstörten sie, die schon industrielle Arbeiter waren, mehr als tausend Spinnereien in der Gegend um Nottingham. In Stockport, Middleton und Westhougton waren im Jahre 1812 Dampfwebstühle die Opfer, wobei Angehörige anderer Berufsgruppen die Weber solidarisch unterstützten. 12 000 Soldaten und Hinrichtungen gefaßter Luddisten brachten schließlich den Aufstand zum Scheitern.

In den folgenden Jahren gab es noch einzelne Aktivitäten gegen Maschinen und Formen der industriellen Arbeitsorganisation. Die Swing-Aufstände um 1830, in deren

Zentrum die Dreschmaschinen standen, oder der Kampf gegen die Arbeitskontrolle durch Blechmarken in Königshütte (heute Chrzów) 1871 sind Beispiele. All diese Aktionen konnten jedoch den Siegeszug der neuen Maschinen historisch betrachtet nur ein wenig, für die lebenden Menschen aber sicher erheblich verzögern.

Der für den heutigen Beobachter gewiß auch irrationale Züge tragende Werkzeugkonservativismus des Mittelalters hatte in seiner Analyse der Bedrohung das vorhergesehen, was sich mit der Industrialisierung brutal offenbarte: nämlich Statusverlust, materielle und soziale Verelendung, die Gefährdung der traditionellen Gemeinschaft und der vertrauten Kultur. Die Aufhebung des Zunftzwangs und Einführung der Gewerbefreiheit nach 1800 wirkten dammbrechend, und sie riefen nach neuen Kampfformen. Das Pochen auf Symbole und verbriefte Konventionen reichte nicht mehr aus.

Es muß betont werden, daß alle Aktionen gegen Maschinen nicht einer An-sich-Technik-Feindlichkeit entsprangen, sondern immer der Bedrohung und Gefährdung von Lebens- und Arbeitsbedingungen. Der Historiker Rolf Peter Sieferle merkt an: »Der entstehende Industriekapitalismus erschien als ein infames Vorhaben einer Minderheit skrupelloser Unternehmer, die zu ihrem eigenen Vorteil ein ausbalanciertes gesellschaftliches und kulturelles Gefüge zerstörten.«[2]

Die Investition von Kapital in neue Maschinen war ja mehr als bloß ein ökonomisches Kalkül. Es war die Entwicklung neuer Herrschaftsstrukturen, innerbetrieblich und gesamtgesellschaftlich. Hinzu kam, daß die betroffenen Arbeiter zu Beginn des 19. Jahrhunderts in einer Nachkriegsperiode lebten, die gekennzeichnet war durch ökonomische Krisen, Depression und Arbeitslosigkeit.[3]

Mit landläufig kriminellen Handlungen oder mit zeterndem Moralismus hatte dieser Maschinensturm nichts zu tun. Er war ein Kampf gegen den Kapitalismus, gegen Hunger und Elend, ein Kampf um Bewahrung der Selbstachtung und ein Kampf ums Überleben.

In der zweiten Hälfte des 19. Jahrhunderts wurde die erste Phase des Maschinensturms zu einer historischen Anekdote. 1849 hatte mit großer Mehrheit die Nationalversammlung zu Frankfurt eine Eingabe abgelehnt, die alle solche Maschinen verboten wissen wollte, »die Arbeiten verrichten, welche vor 50 Jahren noch von Menschenhänden verrichtet worden sind.«[4] Die Befürworter des Maschinensturms waren zu gesellschaftlichen Außenseitern geworden. Die politische Ökonomie, u. a. eine Reaktion auf das Aufbegehren der Arbeiter, trat ihren Siegeszug an. Sie erlangte schnell die wissenschaftliche und intellektuelle Vorherrschaft und wurde zur Schlüsselideologie des ungebremsten technischen Fortschritts.

Zweifellos kam dieser Entwicklung entgegen, daß in einer Phase der Verelendung großer Bevölkerungsteile eine verstärkte Industrialisierung zumindest ökonomische Linderung versprach. Nicht hoch genug einzuschätzen ist auch, daß sich die sozialdemokratische Arbeiterbewegung als Teil des Industriesystems zu verstehen begann. Der technische Fortschritt wurde für sie zur verehrenswerten historischen Erscheinung, zum Motor auch des sozialen Fortschritts und der Emanzipation. Unvorstellbar waren jetzt maschinenstürmerische Aktivitäten, noch schlimmer, sie waren konterrevolutionär.[5]

Auch wenn man sich später gerade gegen diese Interpretation heftig wehrte: hier zeigt sich eine Vorstellung von Technik als etwas Neutralem, als etwas, das per se der Menschheit zum befreienden Faktor wird. »Wissenschaftlichen Sozialismus« nannten die Anhänger von Marx diese

Geschichtsinterpretation. Wer die Maschine selbst noch in das Zentrum der Auseinandersetzung zu rücken gedachte wie Links-Sozialisten und Anarcho-Syndikalisten, gab sich der Lächerlichkeit preis oder galt als Träumer – wenn er nicht gar als harsch zu bekämpfende Bedrohung empfunden wurde. Sozialdemokraten, Sozialisten und Kommunisten wollten im kapitalistischen System, dessen Kinder sie waren, ernstgenommen werden.

Im 20. Jahrhundert setzen maschinenstürmerische Aktivitäten mit Beginn der zweiten industriellen Revolution ein. Nun ging es nicht mehr um die Mechanisierung der Arbeit, sondern um ihre Automatisierung. Es wurde sichtbar, mit wie wenig Neutralität Technik ausgestattet ist, daß sie sich zunächst immer gegen die im Produktionsprozeß stehenden Menschen kehrt. Die neuen Formen des Maschinensturms – seit Ende der 60er Jahre in den USA, in Frankreich, Skandinavien, Deutschland und Italien – trugen und tragen allerdings in den meisten Fällen zunächst nicht die brutalen Züge der Aktionen des 19. Jahrhunderts. Es sind wilde Streiks und kreative Formen der Sabotage, die nicht unbedingt mit der Zerstörung der Maschine selbst einhergehen, vielmehr störend und lähmend in den Produktionsprozeß eingreifen. Sonderfälle, wenn auch nicht einmalige Ausnahmen, stellen die beiden folgenden Beispiele dar.

1980 kam es in Toulouse zu einer Reihe von Anschlägen auf Computereinrichtungen. Nach einem Sabotageakt auf »Philips Informatique« bekennt die Gruppe CLODO (Comité liquidant et détournant les ordinateurs = Komitee zur Entwendung und Beseitigung von Rechenanlagen): »Wir sind Datenbearbeiter, die in der Lage sind, die gegenwärtigen und zukünftigen Gefahren der Informatik und Telematik zu erkennen. Der Computer ist das bevorzugte Werkzeug der Herrschenden. Er dient der Ausbeutung,

Erfassung, Kontrolle und Repression. Morgen wird die Telematik das Jahr 1984 einläuten, übermorgen das Zeitalter der programmierten Maschinenmenschen. Dagegen kämpfen wir und werden wir kämpfen. [...] In einer Gesellschaft, in der man immer weniger leben kann, sind wir eine Gruppe von Revoltierenden, wie es sie zu hunderten gibt.«

In den frühen Morgenstunden des 1. Oktober 1975 überwältigten Drucker der »Washington Post« einen Vorarbeiter. Ihre Arbeitsplätze standen durch die Einführung computergesteuerter Druck-Technologien zur Disposition. Die Drucker zerstörten alle 72 Einheiten der neuen Druckmaschine und setzten sie in Brand. »Am selben Vormittag lehnte es der Präsident der örtlichen Druckergewerkschaft ab, die Verantwortung für den Schaden zu übernehmen. Er bestand darauf, daß seine Mitglieder von der Unnachgiebigkeit des Managements ›frustriert‹ waren und daß sie deshalb ›einfach verrückt geworden sind und von Panik ergriffen wurden‹ – was er als einen Augenblick des ›vorübergehenden Wahnsinns‹ beschrieb.«[6]

Vergleicht man den Maschinensturm des 19. Jahrhunderts mit dem des 20. Jahrhunderts, so zeichnet beide Bewegungen der Kampf um die gewohnten Arbeitsbedingungen und die damit einhergehende soziale und ökonomische Sicherheit aus. Von der Technik her betrachtet, kämpfen allerdings die Maschinenstürmer des ausgehenden 20. Jahrhunderts für Arbeitsbedingungen, gegen die ihre Vorgänger auf die Barrikaden gegangen waren.

Die existentielle Bedrohung, vornehmlich durch zivile und militärische kerntechnische Anlagen, hat Widerstandsformen herausgefordert, die mit denen des 19. Jahrhunderts vergleichbar sind. Vergleichbar ist die Form, wenn Strommasten fallen, Zäune an Kraftwerksbaustellen eingerissen werden, Baumaschinen in Flammen aufgehen und die Auseinandersetzung mit der Obrigkeit militante Züge trägt. Vergleichbar ist die Unvereinbarkeit solcher Aktionen mit der gültigen Rechtsordnung und die trotzdem vorhandene stille Sympathie großer Teile der Bevölkerung. Vergleichbar ist auch das Verantwortungsgefühl, das über den Tag hinausreicht.

Anders ist die Stoßrichtung des Aufbegehrens. Der handgreifliche Protest der Gegenwart richtet sich zwar auch gegen konkrete Obrigkeit, trägt aber zugleich einen wesentlich abstrakteren Charakter, ist voller Symbolgehalt und exemplarisch. Es geht auch um Langzeitbedrohungen, und selbst der entschlossenste militante Kämpfer weiß bei allem, was er tut, daß das Kernkraftwerk trotz seiner Tat den Betrieb nicht gleich einstellen wird. Trotzdem handelt er, empfindet er eine Megabedrohung, der er nicht mehr allein mit den ihm »offiziell« zugestandenen Formen des Protests gegenübertreten kann. Er will bei allem, was er tut, aufrütteln, Fingerzeige geben, ein Problem im Bewußtsein der Öffentlichkeit halten.

In besonderem Maße gilt dies für Aktionen gegen waffentechnische Anlagen. Da werden Atomraketen transportiertende Militärkonvois überfallen wie in England Mitte der achtziger Jahre, die optischen und elektronischen Steuergeräte von Panzern unbrauchbar gemacht, Raketensilos gestürmt. Letztgenannte Aktionen sind als Pflugschar-Aktionen bekannt geworden. Kleine, religiös motivierte Gruppen hatten sich zum Ziel gesetzt, Atomwaffenmaterial zu zerstören und so an ein Wort des Alten Testaments zu erinnern: »Sie werden ihre Schwerter zu Pflugscharen und ihre Spieße zu Sicheln machen.«

Die Pflugschar-Aktivitäten gingen von den USA aus. Es sollten Kriegsverbrechen verhindert werden, bevor sie begangen werden konnten. Die Akteure haben dafür lange Strafen auf sich genommen. Am 27. März 1985 wurden Helen Woodson, Mutter von neun behinderten Adoptivkindern und einem eigenen, die beiden katholischen Ordenspriester Carl und Paul Kabat und der indianische Bürgerrechtler Larry Cloud Morgan zu je 18 (Helen Woodson und Carl Kabat), 10 (Paul Kabat) und 8 Jahren (Larry Morgan) Gefängnis verurteilt. Sie waren in das Gelände eines Minuteman-Raketensilos eingedrungen, hatten die Warnanlagen beschädigt und mit einem Preßlufthammer den Betondeckel eines Silos, den sie zuvor mit ihrem eigenen Blut übergossen hatten, angeritzt. Es war die Nummer elf in der Reihe der Pflugschar-Aktionen. Am Tag der Gerichtsverhandlung, dem 22. Februar 1985, drang Martin Holladay in einen anderen Minuteman-Raketensilo ein und beschädigte die Anlage mit Hammer und Meißel. Er wurde dafür zu acht Jahren Gefängnis verurteilt.

Allerdings gab es auch andere Urteile von weniger blinden Richtern. Im August 1984 waren Bard Katt und John La Forge in eine Fabrik der Firma Sperry in Eagan, Minnesota, eingedrungen und hämmerten auf Computer ein, die für Trident II Atomraketen bestimmt waren. Sie gossen außerdem Blut über Waffenteile im Prototypenfertigungsbereich des Unternehmens. Beide schrieben in einem Bekennerbrief[7]: »Die Lehre aus Auschwitz ist, daß wir die Mordmaschine entwaffnen müssen, bevor sie der menschlichen Kontrolle entgleitet. Die Geschenke des Lebens, der Freude und der Liebe machen uns zur Pflicht, zivilen Ungehorsam der Mitschuld des Schweigens vorzuziehen. Wir bieten unser präventives Handeln an als Aufruf an unsere Regierung und alle Regierungen der Welt, selbst tatsächliche Abrüstungsschritte zu unternehmen.«

Richter Miles Lord verurteilte die beiden zu je sechs

Monaten Gefängnis mit Bewährung. Er begründete dies u. a. so: »Ist es möglich, daß diejenigen von uns, die zum Töten bestimmte Waffen bauen, an einem edleren Bestreben mitwirken als diejenigen, die durch ihre Handlungen versuchen, zu Mäßigung und Ausgleich als einer anderen Methode, internationale Konflikte zu lösen, zu mahnen? Warum sind wir so gebannt von einer Gewalt, deren Enormität wir gar nicht erfassen können? Was ist so heilig an einer Bombe, so romantisch an einer Rakete? Warum verdammen und hängen wir einzelne Mörder, während wir die Tugenden von Kriegstreibern preisen? Was eigentlich übt diese verhängnisvolle Faszination aus, die uns zu dem Gedanken an massenhafte Vernichtung unserer Brüder und Schwestern in einem fremden Land verführt? [...] Die Absurdität dieser Situation ist, daß ich hier zwei Menschen bestrafen soll, denen man vorwirft, das Eigentum einer Firma um die Summe von 33 000 Dollar geschädigt zu haben. Es ist dieselbe Firma, über die ich vor nur wenigen Monaten zu Gericht saß, mit der Anklage, Gelder der Bundesregierung in Höhe von 3,6 Millionen Dollar veruntreut zu haben. [...] Weil diese Täter alle Angehörige einer großen Firma waren, kam anscheinend niemand von der Bundesstaatsanwaltschaft der Vereinigten Staaten auf die Idee, daß die Handlungen dieser Männer eine kriminelle Verschwörung darstellten, für die sie bestraft werden könnten.«

Auch in der Bundesrepublik hat es Pflugschar-Aktionen gegeben, wie die Demontage von Pershing-Transportfahrzeugen in Schwäbisch Gmünd Ende 1986. Einer der bekanntesten Pflugschar-Aktivisten, Dr. Wolfgang Sternstein, formulierte in einem Brief an die Staatsanwaltschaft Stuttgart seine Motive: »Es fällt uns nicht leicht, gegen das Gesetz zu verstoßen. Wir tun es nicht aus Gedankenlosigkeit, Mutwillen oder aus Mangel an Achtung vor der

Institution des Rechts. Ganz im Gegenteil. Wir tun es, weil wir durch die Stationierung von Massenvernichtungswaffen auf deutschem Boden die Existenz unseres Volkes und unseres Landes und damit auch die Grundlage von Freiheit, Demokratie und Rechtsstaatlichkeit bedroht sehen. Mit anderen Worten, wir verstoßen gegen einfaches Recht, weil wir die höchsten Rechtsgüter, insbesondere das Recht auf Leben und körperliche Unversehrtheit, welches die Grundlage aller übrigen Rechte darstellt, schützen wollen.«

Für den Kampf um das höchste Recht, das Recht auf Leben und Überleben, haben viele Menschen in den letzten Jahren zu den unterschiedlichsten Aktionsformen gefunden. Es sind Menschen aller Altersgruppen: Schüler, Studenten, Rentner; es sind Menschen aus den unterschiedlichsten Berufen: Landwirte, Schriftsteller, Richter – Männer und Frauen, die viel auf sich nehmen und denen gemeinsam ist, daß sie es nicht nur für sich, sondern für uns alle tun.

Vor dem Raketendepot Mutlangen fanden sich ein paar hundert ältere Leute zu einer Seniorenblockade zusammen, traten quasi in den Un-Ruhestand. Sie scheuten nicht die oft lange Anreise und die Kosten, die Beschwernisse und Gefahren, den Verlust ihres Ansehens bei den sogenannten »anständigen Bürgern«, den Bruch von Freundschaften, den Kampf gegen ihre Erziehung und gegen die Angst: »74 Jahre lang war ich mit meinem Bruder ein Herz und eine Seele, jetzt spricht er nicht mehr mit mir.«

Aber sie haben auch einiges gewonnen: Selbstbewußtsein, Selbstachtung, Ermutigung und auch Anerkennung.[8] Die Senioren von Mutlangen setzten keine Eisensägen, keine Hämmer und keine Meißel, keinen Sprengstoff ein. Sie wollten niemanden bedrohen, gefährden, verletzen.

Sie stellten Argumente und Leistungsbereitschaft der Macht und Gewalt gegenüber. Sie protestierten »nur« mit ihren Körpern und der Kraft ihrer Persönlichkeit. Wie viele andere reihten sie sich damit in die lange Kette gewaltfreier Widerstandskämpfer in unserem Jahrhundert ein, für die in größerer Öffentlichkeit noch immer vor allem die Namen Mahatma Gandhi und Martin Luther King stehen.

2 Der Staat reagiert auf die Krise – mit Gewalt gegen seine Bürger

Die Überlebenskrise hat den Widerstand geweckt. Menschen praktizieren für sich, für andere und für die Umwelt Notwehr. Sie handeln dabei in der ganz überwältigenden Mehrheit gewaltfrei und passiv. Sie nehmen die ihnen verbliebenen demokratischen Bürgerrechte wahr und stehen dabei einem Staatswesen gegenüber, das sich in seinem Selbstwertgefühl getroffen fühlt und entsprechend irrational reagiert. Es mißbraucht die Gewalt, die es doch denen verdankt, gegen die es sie ausübt. Es macht aus friedlichen Demonstranten Landfriedensbrecher und bekämpft sie entsprechend. Und es präsentiert dabei die denkbar modernste Auffächerung quasi-polizeistaatlicher Methoden.

Das beginnt mit Angriffen auf die Pressefreiheit, tätlichen Attacken auf Journalisten, Zensurmaßnahmen, Beschlagnahmungen von kritischer Literatur und Ergebnissen journalistischer Arbeit und Prozessen gegen unliebsame Journalisten. Schon der Bericht über Straftaten – wie Anschläge auf Strommasten – kann als »fahrlässige Veröffentlichung«, wenn nicht »Aufforderung zu Straftaten« interpretiert werden. Der § 130a StGB deckt nahezu jede Willkür.

Die Einschränkung der Versammlungsfreiheit bietet sich

immer wieder an; in Bayern[9] erfreut sie sich besonderer Beliebtheit.

Akte offener Gewalt gegen friedliche Bürger und Demonstranten sind an der Tagesordnung.

Brokdorf 1981: Demonstranten werden von Hubschraubern des Bundesgrenzschutzes im Tiefflug gejagt und von den Druckwellen zu Fall gebracht. Abziehende Demonstranten werden von einer Spezialeinheit mit Holzlatten niedergeknüppelt. Die Verletzten bleiben liegen. Einige der Flüchtenden werden wegen Widerstands gegen die Staatsgewalt festgenommen.[10]

Startbahn West 1981: Verletzte werden noch beim Abtransport durch Polizisten von der Trage geprügelt, auch Ärzte und Sanitäter werden geschlagen. Der Einsatzbefehl: »Knüppel raus: Alles, was hier geht und steht zusammenschlagen.«[11]

Startbahn West 1982, Räumung einer Sanitätsstation der Demonstranten: »Dann spritzten sie mit zwei Wasserwerfern – aus allen Rohren. Spritzen auf die sitzenden Leute! Die Polizisten gingen vor und fingen an, die Leute zu treten. Ein junger Mann wollte gerade aufstehen, ihn traf ein Strahl so, daß er in hohem Bogen durch die Luft flog und dann auf die Erde knallte. Einen anderen, dem sie am Tag vorher die Nase umgedreht hatten, daß ihm das Blut runtergelaufen war, traten sie auch wieder. [. . .] Ein paar Leute kletterten auf das Dach der Hütte und wurden runtergespritzt. Die Polizei knüppelte nicht so brutal wie üblich, aber sie traten die Menschen und drückten sie zusammen mit ihren Schilden. Ich dachte, die zerquetschen jemand.«[12]

Wackersdorf 1986, ein Wochenende im März: kurz vor Einbruch der Dunkelheit fliegen Tränengasgranaten in den Wald. Alles, auch viele Unbeteiligte, ringt nach Luft, krümmt sich. Ein älterer Mann ruft: »Das ist Krieg. Krieg gegen die Oberpfalz.« Wasserkanister zur Reinigung der entzündeten Augen werden vom Bundesgrenzschutz beschlagnahmt. Ein 38 Jahre alter Mann stirbt auf dem Weg ins Krankenhaus. Er litt an Asthma.

Dr. Egon Jung, leitender Arzt der bayerischen Polizei, zu CS-Gas-Einsätzen: »Grundsätzlich ist zu sagen, daß Kranke, so schwer Kranke, jegliche Menschenansammlungen meiden sollten – aus allgemeinen Erwägungen, nicht polizeilichen Erwägungen, sondern rein ärztlichen Erwägungen. Ob es sich um einen Herzkranken, Asthmakranken oder sonstwie Kranken handelt: Bei so einer Demonstration kann ihm nicht gezielt geholfen werden, weil so viele Ärzte und Sanitäter nicht vor Ort sein können. Jeder Asthmatiker sollte also meiden, was Schadstoffe in der Luft beinhaltet. Ganz gleich, ob sie aus einem Kaminfeuer kommen oder aus irgendwelchen Tränengaskörpern. Die schreien ja sonst auch Zeter und Mordio, wenn der Nachbar im Garten etwas verbrennt.«[13]

Das ist de facto eine Grundrechtseinschränkung für jeden, der nicht hundertprozentig gesund ist.

Hamburg 1986: Auf dem Heiliggeistfeld kesseln 1200 Polizisten über 800 Menschen ein. Zusammengepfercht müssen sie unter entwürdigenden Umständen bis zu 13 Stunden verbringen. In Mainz, Schwandorf und Göttingen folgt die Polizei dem Hamburger Vorbild.

Ärzte haben immer wieder auf die schwerwiegenden Körperverletzungen durch Polizeiaktionen bei Demonstrationen aufmerksam gemacht. Sie klagen über Patienten, die mit Mehrfachverletzungen und mit Schädeltraumen in ihre Behandlung kamen. Der 38jährige Ingenieur, der am Ostermontag 1986 bei Wackersdorf nach dem CS-Gas-Einsatz starb, war nicht der erste und einzige Todesfall. Am 25. August 1980 kam in Hamburg der 16jährige Tischlerlehrling Olaf Ritzmann ums Leben. Am 22. September 1981 starb in Berlin der 18jährige Klaus Jürgen Rattay. Am 28. September 1985 überfuhr in Frankfurt ein Wasserwerfer Günter Sare.[14]

Ein Polizeihauptmeister, der 24 Jahre als Ausbilder in Hamburg gearbeitet hatte und dann seinen Dienst quittierte, schreibt: »Für die praktische Ausbildung sind Beamte des mittleren Dienstes zuständig. Hier wird geübt, wie Schild und Gummiknüppel gehandhabt werden. Damit Schläge auf Demonstranten nicht fotografiert werden können, wird gezeigt, wie man von unten aus dem Handgelenk in Richtung Kopf schlägt. Für den Einsatz gegen eine Demonstrationsmenge wird vorgeführt, wie man die rechteckigen Schilde kurz öffnet und mit dem 71 cm langen Holzstab Stiche in die Weichteile der Demonstranten ausführt, die später nie nachzuweisen sind. Das sind Dinge, die absolut illegal sind, die aber einem 16jährigen Polizeiwachtmeister beigebracht werden. Es geht. z. T. nicht mehr darum, die Gewalt zu vermeiden, sondern sie so auszuüben, daß sie nicht mehr feststellbar ist.«[15]

Verwundert es da noch, daß staatliche Instanzen selbst zu terroristischen Vereinigungen werden, wie im Fall des Sprengstoffanschlags auf die Justizvollzugsanstalt in Celle? Weiß man nach Celle noch, welcher Terroristen zugeschriebene Anschlag von diesen auch wirklich ausgeübt worden ist? Weiß man noch, wer bei gewalttätigen Auseinandersetzungen ein sogenannter »Autonomer« ist und wer ein Gewalt anzettelnder V-Mann des Staates?

Niemand will totschweigen, daß sich in den Reihen von Demonstranten auch Gewalttäter befinden, die das friedliche Anliegen für ihre oft ganz anderen Zwecke mißbrauchen. Aber die Existenz dieser sogenannten »Stahlkugelfraktion« rechtfertigt nicht die unmäßige Reaktion des Staates gegen aktive Demokraten. Wenn Lastwagenfahrer tagelang Grenzen blockieren und Bauern Straßen verbarrikadieren, rührt kein Staatsanwalt die Hände. Führen aber andere Bürger Sitzblockaden vor Raketensilos durch, gerät der »Rechtsstaat« in Bewegung und deklariert diese Blockade als Nötigung durch Gewalt. Begeht ein Bürger eine Ordnungswidrigkeit und rast, das Leben anderer gefährdend, mit 80 Kilometern pro Stunde durch ein Wohngebiet, kostet ihn das ein paar hundert Mark. Füllt er aber den wertlosen Volkszählungsfragebogen nicht aus, muß er mit dem Vielfachen an Strafe rechnen.

Unser Staat überschreitet die ihm gesetzte Grenze. Er läßt irreversible, lebensbedrohende Entscheidungen und Vorgänge zu und verfolgt mit teilweise illegalen Mitteln diejenigen, die sich dagegen wehren. So verliert unsere Demokratie die sie legitimierende Kraft. Das Gewaltmonopol gehört in die Hände des Rechtsstaates: aber das muß er dann auch sein.

3 In der Schwebe – Widerstand zwischen Legalität und Legitimität

Widerstand gegen die Überlebenskrise ist immer auch Widerstand gegen bestimmte Formen der aktuellen staatlichen Ordnung. Er ist allerdings kein Widerstand gegen Ordnung und den demokratischen Rechtsstaat an sich, kein Mittel für abstruse Durchsetzungsstrategien minoritärer Zirkel. Widerstand, wie wir ihn hier verstehen, hat mit Revolution und revolutionärer Intention nichts zu tun. Es geht weder um die bloße Änderung der Regierungsform noch um die Einführung eines vielleicht etwas weniger schlechten Gesetzes. Widerstand meint vielmehr konstruktive Notwehr. Sie zielt auf die Verwirklichung von Menschenrechten und auf die Beseitigung menschenrechtsgefährdender Eingriffe. Sie will erkennbares Unrecht im Sinne bestehender gesetzlicher *oder* sittlich-naturrechtlicher Grundprinzipien beseitigen; sie will einen status quo ante wiederherstellen, ohne dabei auf einen Veränderungsimpetus im Sinne dieser Grundprinzipien zu verzichten.

Ist das rechtens?

Der Streit um diese Frage reicht weit zurück. Und er dauert unverändert an.

Das Widerstandsrecht ist germanischen Ursprungs.[16] Im »Corpus Juris«, in der »Edda« und im »Sachsenspiegel« fand es einen schriftlichen Niederschlag. »Der Mann muß auch seinem König, wenn dieser Unrecht tut, widerstehen und helfen, ihm zu wehren in jeder Weise, selbst wenn jener sein Verwandter oder Lehensherr ist. Damit verletzt er seine Treuepflicht nicht.«[17]

1215, das Jahr des »Sachsenspiegels«, war auch das Jahr der »Magna Charta«. In ihr fand das Widerstandsrecht der englischen Barone seinen Ausdruck. Es war ein bedeutendes Jahr für die Demonstration demokratischen Selbstbewußtseins.

Das germanische Widerstandsrecht war übergeordnetes Recht. Ihm unterstand inklusive des Königs ein jeder. Es war ein Naturrecht jenseits irdischer Verfügungsgewalt, nicht außer Kraft zu setzen und nicht zu relativieren. Es regelte ein gegenseitiges Treueverhältnis und die gegenseitige Pflichterfüllung von Herrscher und Untertan. Es gewährte bei Mißachtung und Treueverletzung Selbsthilfe.

Das germanische Widerstandsrecht bestimmte nachhaltig das hochmittelalterliche Lehensrecht.[18] Lehensherr und Lehensmann wurden zur gegenseitigen Pflichterfüllung und Treue verpflichtet. Wo der Herr der Treuepflicht nicht nachkam, war auch die des Lehensmannes nichtig. In der Verbindung von Treuepflicht und Widerstandsrecht als Kernelement eines Vertragsrechts, das das Lehensrecht ja war, liegt der Schlüssel zu einem politischen Widerstandsrecht und -verständnis. Als Vertragsrecht entzog es sich zudem zunächst auch der kirchlichen Interpretations- und Richtlinienkompetenz. Gleichwohl prallten im allgemeinen Staatsverständnis das germanische Widerstandsrecht und die römische Staatsvorstellung der mittelalterlichen Kirche aufeinander – und das recht unversöhnlich, bedenkt man die römisch-christliche Auffassung eines Kaiser- und Königtums von Gottes Gnaden.

Germanische und kirchliche Widerstandstheorie trafen sich in der Verurteilung des ungerecht handelnden Königs. Dieser sei vor Gott ohne Amtsbefugnis. Allerdings verlangte die Kirche entgegen der formlosen Feststellung dieses Zustands im germanischen Widerstandsrecht eine rechtsförmliche Verurteilung durch die Kirche als richterliche Instanz.[19] Zwischen Legalität und zugestandener Legitimität entwickelte sich ein Spannungsverhältnis, das die katholische Kirche zunächst mittels der Tyrannenlehre überbrückte.

Es war allen voran Thomas von Aquin (1225–1274), der die Idee des Tyrannenmordes formulierte, wenngleich er diesen auf den tyrannus usurpationis, den Usurpator, beschränkt wissen wollte – auf jenen Machthaber also, der nicht auf rechtlichem Wege die Herrschaft an sich gebracht hatte. Doch selbst diese Reduktion des Rechts zum Widerstand, die ja nicht mehr bedeutete als den Schutz »bestehender gegen angemaßte Autorität in einer revolutionären Situation«[20], ging der katholischen Kirche bald zu weit. Im Zuge ihrer Beteiligung an weltlicher Macht, Ausbeutung und Unterdrückung verurteilte sie auf dem Konzil von Konstanz (1415/16) die Idee des Tyrannenmords und beendete damit auf höchster Ebene die Diskussion um den politischen Widerstand.

Auch das protestantische Christentum setzte anfangs keine grundlegend anderen Akzente. Zutiefst geprägt vom deutschen obrigkeitsstaatlichen Denken, förderte es in der Widerstandsfrage letztlich die Versöhnung von Thron und Altar. Umstritten ist die Rolle Luthers. Einerseits war er gegen jede Form aktiven Widerstands, insbesondere durch den einzelnen, andererseits reklamierte er doch Notwehr und Gehorsamsverweigerung, sollte der Herrscher gegen Gottes Gebote handeln.[21] Im Augsburger Bekenntnis schreibt der Mönch und Reformator: »Denn so der Obrigkeit Gebot ohne Sünde nicht geschehen mag, soll man Gott mehr gehorsam sein denn den Menschen.« Werden gar Rechtlosigkeit und der menschliche Machtwillen selbst zur allseitigen Quelle des Rechts, bemächtigt sich eine »bestia« (= Türken und/oder der Papst) des Staates, sieht auch Luther aktiven und gewaltsamen Widerstand geboten.[22]

So manches Element überlieferter germanischer Widerstandsauffassungen in Verbindung mit reformatorischen Gedanken und einer religiösen Staatsauffassung wurde Grundlage für die Widerstandstheorie der Monarchomachen: deutsche, spanische, französische und schottische Moraltheologen und Juristen, die im 16. und 17. Jahrhundert während der Religionskämpfe gegen das absolutistische Staatsmodell antraten. Die Volkssouveränität, ein Recht zur Absetzung und Bestrafung des tyrannischen Herrschers und ein Naturrecht auf Revolution standen im Zentrum ihres Denkens.

Es dauerte bis ins 20. Jahrhundert, bis zur Errichtung totalitärer Systeme, ehe auf kirchlicher Seite die Widerstandsdiskussion als Diskussion eines Widerstandsrechts und einer Widerstandspflicht neu erwachte. Inzwischen waren England und später die Vereinigten Staaten zur neuen Heimat des Widerstandsrechts geworden; auf der Basis der Magna Charta wurde das Widerstandsrecht in England zum Garanten der Grund- und Freiheitsrechte. Es fand in der »Bill of Rights« von 1689 seinen rechtlichen Ausdruck. Auch die jungen nordamerikanischen Staaten (insbesondere Massachusetts, Virginia und Pennsylvania) rechneten das Widerstandsrecht zu den bürgerlichen Freiheitsrechten im Kampf gegen jede staatliche Willkür.

Anders in Deutschland. Die staatstragenden idealistischen Philosophen fielen weit hinter das englische, amerikanische und etwas später auch französische Vorbild zurück. Sie machten mit den Worten Fritz Bauers »dem Widerstandsrecht den Garaus«. Schon das In-Zweifel-Ziehen der staatlichen Gewalt erschien als verbrecherisch, etwa bei Kant. Der Staatszweck geriet zum Selbstzweck, wofür nicht zuletzt der so gerühmte Hegel steht. Zwar solle der Staat unter moralisch-ethischen Gesichtspunkten nicht alles dürfen; doch könne dieses »Nicht-Dürfen« rechtlich zugleich unangreifbar sein. Es war ein Rechtsverständnis, das deutsche Folgen hatte und dem »Dritten Reich« gar zur rechtsphilosophischen Absolution verhalf.

Das fehlende Widerstandsbewußtsein im größten Teil des deutschen Volkes während des Faschismus hatte Folgen. Die Demokratie, in der wir leben, ist nicht erkämpft, sie wurde uns verliehen. Widerstand in Deutschland war und ist einsam, ein verlassener Widerstand.

Es gibt die Widerstandsbestimmungen im Verfassungsrecht der Bundesrepbulik. Als neuer Absatz IV in Artikel 20 GG wurde 1969 das Widerstandsrecht auf Grundrechtsrang erhoben. Wenn andere Abhilfe nicht möglich ist, können es alle Deutsche gegen Bestrebungen, die die Beseitigung der rechtsstaatlich-demokratischen Ordnung zum Ziel haben, für sich in Anspruch nehmen.

Der Rechtstheoretiker Rolf Dreier schreibt dazu: »Das Widerstandsrecht des Artikel 20 IV GG hat eine doppelte Funktion: Es ermutigt den Bürger, der in einer staatsstreich- oder bürgerkriegsähnlichen Situation die grundgesetzliche Ordnung verteidigen will, zu sonst verbotenen Mitteln zu greifen, und er ermöglicht es dem Richter, der später über den Sachverhalt zu urteilen hat, die fragliche Handlung positiv-rechtlich, d. h. ohne Rückgriff auf überpositives Recht zu rechtfertigen. Dabei trägt der Bürger allerdings das Risiko zweier Bedingungen: Erstens, daß die grundgesetzliche Ordnung bestehen bleibt, und zweitens, daß er einen Richter findet, der die Voraussetzungen des Artikels 20 IV GG als gegeben ansieht.«[23]

Auch in einige Länderverfassungen (Hessen, Bremen, Berlin) sind Widerstandsformulierungen aufgenommen worden. Es ist jedoch die Frage, inwieweit das Widerstandsrecht im Rechtsstaat nicht primär eines des Bundesverfassungsrechts ist. Ein zweites Problem ergibt sich aus der hessischen Verfassung. In Artikel 147 I steht zunächst vielversprechend: »Widerstand gegen verfassungswidrig ausgeübte öffentliche Gewalt ist jedermanns Recht und Pflicht.« Dann allerdings folgt Artikel 147 II, und dieser verweist auf die Anrufung des Staatsgerichtshofes, wenn das Widerstandsrecht in Anspruch genommen werden soll. Das bedeutet nichts anderes, als daß sich der zum Widerstand veranlaßte Bürger auf die Alltagsebene verfassungsrechtlicher Streitereien heruntergezogen sieht. Einmal abgesehen davon, daß sich bei einer Pervertierung der Staatsorgane ein Staatsgerichtshof oder auch Verfassungsgericht diesem Prozeß nicht völlig entziehen kann[24]: bei der Interpretation einer Widerstandssituation könnte sich die nach parteipolitischen Proporzgesichtspunkten vorgenommene Bestellung der höchsten Gerichte höchst fatal, sprich herrschaftskonform, auswirken.

Im Zuge der Stationierung neuer atomarer Mittelstreckensysteme in der Bundesrepublik ist die Diskussion um ein verfassungsmäßig abgesichertes Widerstandsrechts verstärkt in die öffentliche Diskussion geraten. Neben der Bezugnahme auf den Widerstandsartikel 20 IV selbst spielte vor allem eine Rolle, inwieweit es sich bei Widerstandshandlungen einfach um eine angemessene und berechtigte Grundrechtsausübung handelt.

Auf diesen Zusammenhang hat der Verfassungsrechtler Erich Küchenhoff immer wieder hingewiesen. Zur Verteidigung der Sitzblockaden vor Raketendepots wies er auf die Verbindung des Grundrechts auf Demonstrationsfreiheit mit dem Grundrecht auf Leben und körperliche Unversehrtheit hin. »Die Kombination dieses höchstrangigen Verfahrensgrundrechts der Demonstrationsfreiheit mit dem höchstrangigen materiellen Grundrecht auf Leben und körperliche Unversehrtheit und mit den weiteren, zugleich mit dem Leben und Überleben von der Vernichtung bedrohten obersten Verfassungsprinzipien muß allen Vorschriften des sogenannten einfachen Rechts vorgehen. Insbesondere ihre Anwendung entsprechend verfassungskonform einschränken.«[25]

Ziviler Ungehorsam ist danach als aktiver Verfassungsschutz zu interpretieren. Er widersetzt sich der Bedrohung des Grundrechts auf Leben und körperliche Unversehrtheit *und* der Aushöhlung der Grundrechte auf Meinungs- und Demonstrationsfreiheit durch das Strafgesetzbuch. Er stellt die rechtspositivistische »Legitimation durch Verfahren«[26] in Frage und tritt so zugleich dem autoritären Legalismus entgegen, der es durch falsche Eindeutigkeiten

(»Vernichtungswaffen sichern das Überleben«) mit der Ambivalenz der Moderne aufzunehmen gedenkt.

Ein solches Verständnis aktiven Verfassungsschutzes bleibt rechtspolitisch allerdings in der Isolation. Gängig sind Interpretationen, die schon Widerstandsformen des bloßen Protests nur bis zu der Grenze als legal akzeptieren, wo »die legitimen Rechte anderer und der Gemeinschaft beginnen«. Schon eine »gewisse Beeinträchtigung der Rechte anderer und der Gemeinschaft [...] ist verfassungsmäßig nicht gerechtfertigt«.[27] Im selben Atemzug wird ein Widerstandsfall, an dessen »Evidenz für jeden einsichtigen Bürger« gebunden[28]; Widerstandsrecht wird zum Recht erst als Mehrheitsrecht – als ob Überlebensfragen und irreversible Entscheidungen von existentieller Bedeutung nach dem Prinzip einfacher Mehrheiten entschieden werden dürften. Als ob wir nicht aus schmerzhafter historischer Erfahrung wüßten, wie auch der Mehrheitswille irren kann.

Unabhängig von allen grundrechtlichen Interpretationen: die Möglichkeit, ein Widerstandsrecht in der Verfassung zu verankern, das in der Stunde der Bedrohung von den jeweils Herrschenden auch uneingeschränkt akzeptiert wird, muß bezweifelt werden. Kein entsprechendes Verfassungsprinzip hätte in einer Krisensituation eine Chance, sich gegen die Verabsolutierung minderen, aber politisch opportuneren Rechts durchzusetzen, zumal in einer Zeit, in der Recht und Moral kaum noch etwas miteinander zu tun haben. Und daran besteht kein Zweifel, daß Ethik, Moral und geltendes Recht sich nicht mehr decken.[29]

Daniel Berrigan: »Es ist legal aufzurüsten! Es ist legal, den drohenden Untergang heraufzubeschwören! Es ist legal zu morden durch Armut! Und wenn diese Welt einmal durch ein Inferno zerstört werden sollte, so war es legal!«

Jenseits legislativer und judikativer Opportunität steht das Naturrecht. Es schließt die Gültigkeit positiven Rechts nicht per se aus, ordnet ihm aber die Moral und das Gewissen des einzelnen über. Es ist mit den Worten Gandhis »das angeborene Recht eines jeden Bürgers«. Es ist als Schutz der Integrität des Menschen und – so müssen wir heute erweitern – der Integrität der Natur zu verstehen[30]. Beispielhaft für eine Naturrechtsform war das germanische Widerstandsrecht.

Naturrecht und das aus ihm abgeleitete Widerstandsrecht sind überstaatliches Recht. Sie negieren Grenzen und nationalstaatlich geregelte Zuständigkeiten. In der heutigen Situation kann dies durch nichts besser begründet werden als durch die gleichfalls grenzüberschreitende atomare, ökologische und ökonomische Bedrohung bzw. Zerstörung. Wann jemals lag ein Naturrecht auf Widerstand näher, wann war es jemals begründeter als heute? Denn nicht erst der Einsatz, sondern bereits der Besitz von Massenvernichtungswaffen ist ein Verbrechen gegen die Menschheit und die Natur. Dies sagt der Weltkirchenrat.[31]

Womit überhaupt ist die totale Vernichtungsdrohung gegenüber einem politischen Gegner, einem Volk der Erde zu begründen und zu rechtfertigen? Kann, außer in der Verwirklichung der Drohung, staatliche Macht schlimmer mißbraucht werden?

Wir wollen gar nicht bestreiten: naturrechtliche Begründungen von Widerstand bergen auch immense Probleme in sich. Sie ruhen in der geschichtlichen Wandelbarkeit, der inhaltlichen Unbestimmtheit und der Manipulierbarkeit der Begründungsmaßstäbe. Die Gefahr beliebiger Interpretation ist groß. Ich meine allerdings, daß im Falle der vielfach verursachten Überlebenskrise diese Gefahr ihrerseits relativiert werden muß.

Das absolut Bedrohende hat jeglichen intellektuellen

Relativierungsbedarf bezüglich der Maßstäbe zerstört; im gleichen Atemzug hat es die Relativität der bestehenden Gesetze unmißverständlich hervorgehoben. Kein von Menschen geschaffenes Gesetz kann für sich Verbindlichkeit in Anspruch nehmen, wenn es direkt oder indirekt das Naturrecht auf Leben und auf Natur in Frage stellt bzw. der Bedrohung aussetzt. Herbert Marcuse hat angemerkt, daß wir ohne das Ausspielen eines höheren Rechts gegen das bestehende Recht noch auf der Stufe der primitivsten Barbarei stünden.[32]

An einem Abend im Januar 1987 saßen in der Kreuzberger Passions-Kirche etwa 500 Menschen. Sie erwarteten Hilfestellung bei der Frage, wie es sich denn gegenüber der inhumanen Asyl- und Abschiebepraxis zu verhalten gelte. Der Berliner Altbischof Kurt Scharf empfahl, den Regierenden in den Arm zu fallen und die bedrohten Menschen in den Gemeinden aufzunehmen. »Geraten wir durch diese Hilfe an den geflüchteten Fremdlingen in Widerspruch zum vom Staat erlassenen Gesetzen, dürfen wir die Verletzung staatlicher Ordnung nicht scheuen.«

Der staatlichen Ordnung, wenn sie inhuman wird, widerstehen, das ist übergeordnetes Recht. Wird es damit nicht sogar zur Pflicht? Ist nicht gerade die Sensibilität des einzelnen gegenüber jeder Form des Unrechts eine der vornehmsten, auch staatsbürgerlichen Pflichten? Und macht sich nicht zum Mittäter bzw. Mitverantwortlichen, wer sich dem Nein-Sagen verweigert?

Gandhi hat diese Widerstandspflicht im »verdorbenen Staat« und gegen dessen Gesetze für sich reklamiert, Karl Barth die Widerstandspflicht gegen den verbrecherischen Gebrauch der staatlichen Machtmittel durch die Vertreter der staatlichen Ordnung, die von der politischen Ordnung selbst zu unterscheiden seien.[33]

In den westlichen Demokratien hat das Volk den Regierenden die Gewalt übertragen, damit sie diese im Sinne des Gemeinwohls ausüben. Diese Gemeinwohlverpflichtung der Regierungsgewalt ist allein die Basis der Gehorsamsverpflichtung der Staatsbürger. Mit der ersten entfällt auch die zweite. Nämen »unsere« Minister das »Schaden von ihm wenden« ernst – geschlossen müßten sie unverzüglich zurücktreten. Im Katholischen Lexikon für Theologie und Kirche heißt es: »Nicht nur einer illegalen, sondern auch einer (nur) illegitimen Staatsgewalt gegenüber ist grundsätzlich passiver und unter Umständen aktiver Widerstand erlaubt und zuweilen geboten, nämlich dann, wenn sie den Sinn ihrer Funktion in einzelnen Akten oder sogar total mißachtet.«[34]

Eines allerdings muß betont werden: die auf Naturrechts- und Legitimitätsprinzipien sich berufende Widerstandspflicht der Gegenwart ist im Gegensatz zum Mittelalter und zur Tyrannenherrschaft nicht primär gegen einzelne Personen gerichtet. Die Überlebenskrise läßt sich nicht personalisieren. Als Folge struktureller Eskalation und Verselbständigung wendet sich der Widerstand immer gegen die Unrechtsstrukturen. Auch wenn es paradox klingen mag: der demokratische Rechtsstaat kann Rechtsstaat nur bleiben durch permanenten strukturellen Widerstand und ein entsprechendes Bewußtsein. Die legale Pervertierung der Legitimität läßt sich anders nicht in der Diskussion halten und auch nicht beseitigen. Struktureller Widerstand ist der Kern kollektiver Sensibilisierungsarbeit, und er ist das Zentrum auch kollektiver Lernprozesse. Er ist Arbeit an der Verfaßtheit *und* der Verfassung der Demokratie. Erst der Widerstand gegen die ökologische Krise und gegen den Atomtod hat gezeigt, daß die Verfassung der Bundesrepublik Deutschland in wesentlichen Punkten nicht mehr zeitgemäß ist. Zu den Weimarer Erfahrungen, auf die sich die Väter der Verfassung stützten, sind die Erfahrungen mit der Überlebenskrise getreten.

4 Nur gewaltfreier Widerstand kann das Unrecht beseitigen

Die Startbahn West ist zu einem Symbol für die Ohnmacht aufbegehrender Bürger geworden. Am 2. 11. 1987 jährte sich die gewaltsame Räumung des Hüttendorfes zum sechsten Mal: Anlaß genug für eine neuerliche Begehung der ehemaligen Baustelle. Die Demonstration war nicht angemeldet, die Staatsmacht gleichwohl vorgewarnt und vorbereitet. Erst flogen Leuchtraketen gegen Wasserwerfer, dann fielen die Schüsse. Zwei Polizisten starben. Mehrere wurden verletzt. Das Entsetzen über diese Morde im Schutz der Dunkelheit war in allen politischen und gesellschaftlichen Lagern gleich. Leben zerstörende Gewalt nun auch seitens der Demonstranten – niemand konnte und wollte das gutheißen, auch nicht die im Libertären Zentrum Frankfurt vereinigten Anarchisten und Autonomen. In ihrer Stellungnahme hieß es unter anderem: »Wir kämpfen für eine selbstbestimmte und herrschaftsfreie Gesellschaft. Uns kotzen diese Schüsse [...] an. [...] Der Weg zu einer freien Gesellschaft darf nicht mit Leichen gepflastert sein.«[35]

Übrig bleibt ein Killer, übrig bleiben vielleicht auch ein paar Sympathisanten des Terrors. Mit ihnen wird jede Gesellschaft leben müssen. Wer morden will oder Mord gutheißt, ist auch durch schärfste Strafandrohungen nicht einzuschüchtern.

Was verstehen wir unter Gewalt? Ist es überhaupt angemessen, mit diesem Begriff politisch zu argumentieren?

Wo fängt Gewalt an, wo hört sie auf? Gibt es gute und schlechte Gewalt?

Zunächst sollten wir sehen, daß für die Auseinandersetzung um Überlebenskrise und Widerstand das Wort Gewalt nur wenig hilfreich ist. Es fehlt im Gegensatz etwa zum englischen Sprachraum (violence, power, force) jegliche Differenzierung und Präzision. So ist alles an Interpretationen denkbar und zulässig.

Im Rechtsstaat steht das Gewaltmonopol dem Staate zu. Die Bürger haben es den in seinem Namen handelnden Institutionen übertragen. Das ist notwendig und sollte in einem wirklichen Rechtsstaat nicht zur Diskussion und Disposition stehen. Die Gewaltprobleme sind damit natürlich nicht aus der Welt, ja, es werden künstlich neue produziert. Mit dem Gewaltmonopol besitzt der Staat nämlich auch das für die rechtliche Ebene relevante Definitionsmonopol. Das führt zu so abstrusen Folgerungen wie der Aussage, gewaltfreier Widerstand sei Gewalt. Mißliebige Aktionen kritischer Bürger lassen sich, als Gewaltaktionen definiert, erheblich besser diskriminieren und bekämpfen. Friedliche Sitzblockaden werden so zur Gewalt gegen den Staat, Regenjacken und Mundschutz zur »passiven Bewaffnung«.

Die Wortgefechte um die sogenannte Vermummung und das Vermummungsverbot zeigen, wie weit repressive Politik durch Definitionen gehen kann. Ich denke, wer mit demokratischen Mitteln für die Wahrung oder Wiederherstellung von Grund- und Bürgerrechten auf die Straße geht, sollte dies mit offenem Gesicht tun. Doch das ist nur die eine Seite. Sie sollte nicht von der Frage ablenken, was jemanden dazu gebracht hat, sich mit Schals und Mützen unkenntlich zu machen.

Die Vermummung ist in der Geschichte der Bundesrepublik das Resultat der Berufsverbotepolitik. Vor allem junge Menschen hatten berechtigte Angst, auf Demonstrationen identifiziert zu werden. Sie mußten mit gravierenden beruflichen Nachteilen bis zur Suspendierung vom Dienst bzw. der Nicht-Einstellung/-Verbeamtung rechnen, wenn an derselben Demonstration auch Gruppen teilgenommen hatten, denen man verfassungsfeindliche Ziele unterstellte. Die Vermummung wurde vom Staat produziert. Das sollte von denen, die für die Berufsverbotepolitik mitverantwortlich waren bzw. sind und die heute lautstark gegen die »vermummten Landfriedensbrecher« zu Felde ziehen, endlich begriffen werden.

Auf der anderen Seite fehlt es nicht an Theorien, die jeglicher staatlicher Gewalt eine Gegengewalt gegenüberstellen wollen – sozusagen eine progressive Änderungsgewalt, die sich gegen bestehende Sozialrealitäten kehrt. Helmut Gollwitzer schreibt dazu: »Zu groß ist die Gewalt der Gewaltbesitzer gegen alle, die ihnen mit Gewalt in den Weg treten. Der Weg der Gegengewalt ist kontraproduktiv, wie sehr er auch die Wut befriedigen mag; er ist objektiv im Interesse der heutigen Besitzer der Gewaltmittel.«[36]

In der »Tageszeitung« äußerte ein Leser seinen Unmut über die autonomen Zwillenschützen so: »Den Meinungsumschwung der Bevölkerung in Sachen Atomenergie habt ihr bestimmt nicht herbeigeprügelt. [. . .] Ich würde mir an eurer Stelle mal was einfallen lassen, wie ihr eure Vatermordgelüste (Vatersymbol: Staat, Bulle mit Knüppel etc.) woanders loswerdet, und all die Abenteuergeilen, die aus Spaß am Prügeln zu 'ner Demo gehen (natürlich nie offen zugeben), täten besser daran, ihre perversen Tobsüchte auf 'nem Schrottplatz (oder tatsächlich im Sandkasten) abzureagieren.«[37]

Ende der 60er Jahre brachte die Außerparlamentarische Opposition den Begriff von der »Gewalt gegen Sachen« in die politische Diskussion. Wie kaum ein zweiter machte dieser Begriff Karriere. Die Opposition selbst hatte dem Staat unfreiwillig zu einer Vokabel verholfen, mit der sich publikumswirksam der politische Gegner denunzieren und kriminalisieren ließ. Denn was gibt es Schlimmeres als Gewalt? Und schreckt nicht der, der heute das Eigentum mißachtet, morgen auch vor Angriffen auf Personen nicht mehr zurück? Die Geschichte der Baader-Meinhof-Gruppe scheint solchen Mutmaßungen recht zu geben, auch wenn wir es hier mit dem äußersten Rand der politischen Szene zu tun haben bzw. hatten. Gleichwohl – Gewalt war von nun an Gewalt. Jetzt ließen sich Maßstäbe endlich im repressiven Sinne verschieben.

Unselig ist das Gerede von der »Gewalt gegen Sachen« aber nicht nur wegen der politischen Folgen, sondern wegen der Begriffswahl selbst. Denn es gibt keine »Gewalt« gegen Sachen. Es gibt höchstens Sachbeschädigungen. Gewalt hat etwas mit gegen Menschen gerichteten Handlungen zu tun, nichts mit Gegenständen. Der Begriff taucht deshalb im Strafgesetzbuch nur im Zusammenhang mit Menschen auf.

Es ist *keine* Gewalt, wenn eine Pflugschar-Gruppe ein Raketensilo zertrümmert; das ist Sachbeschädigung als präventive Lebensrettung. Es ist *keine* Gewalt, wenn Greenpeace Giftschiffe fahruntüchtig macht; das ist Sachbeschädigung, die dem Schutz des Lebens dient. Die überlebenswichtige Sorgfalt beginnt im Interesse aller schon bei der Wortwahl.

»Gewalt« meint immer die direkte, personale Gewalt gegen Menschen mit Folgen für Leib und Leben. Der Friedensforscher Johan Galtung hat ihr eine indirekte Gewalt ohne sichtbaren Akteur gegenübergestellt: die »strukturelle Gewalt«. Sie ist in das System quasi eingebaut als Ungleichheit in den Machtverhältnissen und Lebenschancen, als Sozialverhältnisgewalt. Es ist eine Gewalt, die sich gegen ihre eigenen Ursachen richtet, sich selbst stabilisiert.

Arbeitslosigkeit, Mangel an Ausbildungsplätzen, entwürdigende Wohnverhältnisse sind Beispiele dafür. Und natürlich alle Massenvernichtungswaffen, die chemisch verseuchte Natur, der sterbende Wald, die Rationalisierungstechnologie. Strukturelle Gewalt ist alltägliche Gewalt. Ihre Folgen sind Ohnmachtsgefühle, Krankheit, Selbstmord, Alkoholismus und Drogenabhängigkeit, Eskapismus und – ganz selten – Wut.

Wo Menschen gegen die strukturelle Gewalt aufbegehren, wird nur zu oft und nicht selten gezielt die Wirkung mit der Ursache verwechselt. Da stehen dann schnell Hausbesetzer, Demonstranten, Maschinenstürmer als Übeltäter da, gerät der gewaltsame Hintergrund ihrer Aktionen allenfalls zur biographischen Notiz – falls er nicht ganz totgeschwiegen werden kann. Wann berichten unsere Medien an vorderer Stelle über diese Gewalt? Wo ist bei dieser täglichen Gewalt die tägliche Unrechtsanprangerung? Zehn Ausländer in zwei Zimmern, Rentner an der Grenze des Existenzminimums, geschlagene Frauen und mißhandelte Kinder, Körperverletzungen durch Tiefflieger: das sind Themen für das Ressort »Vermischtes« oder einen Magazinbeitrag zu später Stunde. Erst wenn jemand Amok läuft gegen diese Verhältnisse, kann er sich der gierigen Aufmerksamkeit von »BILD« bis »Tagesschau« gewiß sein. Strukturelle Gewalt ist deshalb auch schweigende Gewalt, bürgerliche Normalität.

Jedes zur Erlangung oder Stabilisierung von Herrschaft begangene Unrecht zieht neues Unrecht nach sich, schafft eine Brutalisierung der Sitten. Gewalt und Gewaltfreiheit aber schließen sich aus. Gewalthandlungen haben im Widerstand für Gerechtigkeit und die Menschenrechte nichts zu suchen. Sie dienen nur den Repräsentanten der Strukturen, gegen die sie sich richten wollten, und führen in unlösbare innere Widersprüche. Die Methoden der anderen Seite können nicht Teil und Mittel des Strebens nach einer besseren Welt sein.

Was verstehen wir unter gewaltlosem Widerstand, und was meint ziviler Ungehorsam?

Seit Mahatma Gandhi sind beide Begriffe fester Bestandteil der Diskussion um den politischen Widerstand. Martin Luther King hat sich ebenso auf sie berufen wie die zahlreichen Widerstandsgruppen der Anti-Atom- und Anti-Rüstungsbewegung. Moralphilosophen wie John Rawls und Rechtstheoretiker wie Ralf Dreier haben an der begrifflichen Präzisierung gearbeitet und die nötigen Abgrenzungen zu anderen Widerstandsformen formuliert.[38]

Ziviler Ungehorsam setzt ein klar beschriebenes, schwerwiegendes Unrecht voraus. Er wendet sich gegen Rechtsverstöße und illegitime Rechtsbestimmungen, verletzt selbst vorsätzlich bestimmte Rechtsnormen, erkennt gleichwohl aber die demokratische Legalität der bestehenden Ordnung an, verweigert nicht den Gehorsam insgesamt und gefährdet nicht die Verfassung. Er appelliert an das Gewissen der Menschen, will Mehrheiten für sein Anliegen gewinnen, setzt unbedingte Aufrichtigkeit voraus und die Bereitschaft, Nachteile in Kauf zu nehmen. Nie zielen ziviler Ungehorsam und gewaltfreier Widerstand auf einen Gegner als Ganzes, sondern immer auf bestimmte Rollen, die dieser ausfüllt.

Bevor es zum zivilen Ungehorsam kommt, sollten die legalen Mittel ausgeschöpft sein; allerdings ist dabei der Faktor Zeit mitzubedenken. Bei einem GAU, einem Chemieunfall, einer drohenden atomaren Auseinandersetzung, bei Gefahr für Leib und Leben als Dauerzustand, da kann die gewaltfreie Aktion auch parallel zur Ausschöpfung der Rechtsmittel durchgeführt werden. Das gilt vor allem dann, wenn die bestehende Rechtsordnung ganz oder teilweise korrumpiert ist. Insofern sind die Theorien des gewaltfreien Widerstands zu ergänzen.

Akte zivilen Ungehorsams müssen öffentlich sein, die Symbolik des Tuns muß demonstrativ herausgestellt werden. Auch gilt das Gebot der Verhältnismäßigkeit: das Ziel muß mit den eingesetzten Mitteln erreicht werden können, sie dürfen nicht zum Selbstzweck verkommen. Dreier hat folgende Rechtfertigungsformel entwickelt: »Jeder hat das Recht, allein oder gemeinsam mit anderen öffentlich, gewaltlos und aus politisch-moralischen Gründen den Tatbestand einer Verbotsnorm zu erfüllen, wenn er dadurch gegen schwerwiegendes Unrecht protestiert und sein Protest verhältnismäßig ist.«[39]

Folgende Verhaltensweisen bzw. Aktionen sind Teil des gewaltfreien zivilen Ungehorsams:[40]

1. Grundsatz- und Detailkritik in Rede und Schrift, Ton und Bild zur Herstellung von Gegenöffentlichkeit.

2. Gewaltfreier Protest mit symbolischer Absicht: Märsche und Demonstrationen, Streikposten und Mahnwachen, öffentliche Veranstaltungen, Verzicht auf offizielle Belobigungen, Orden, Titel und Ehrenämter.

3. Gewaltfreie Nicht-Zusammenarbeit mit dem Ziel, die Funktionstüchtigkeit des Systems oder von Teilen des Systems einzuschränken: Streiks, Dienst nach Vorschrift, Boykottformen und Verweigerungen wie die Kriegsdienstverweigerung.

4. Gewaltfreie Intervention zur unmittelbaren Herausforderung des Gegners: Hungerstreiks und Fastenaktionen, Besetzungen, Veröffentlichung geheimen Materials wie der Standorte von Raketendepots, Eindringen in Militäranlagen und Blockaden.

Die Teilnehmerinnen und Teilnehmer an der ersten Seniorenblockade in Mutlangen haben als Vorteil von Blockaden hervorgehoben:

- die Aktionen sind gut einzuüben und nicht zu verhindern;
- sie sind offen und für den Gegner durchschaubar;
- jeder kann sie mitmachen und/oder unterstützen;
- die juristischen Konsequenzen sind einzuschätzen;
- als regelmäßige Aktionen führen sie auch zur Befragung des gewohnten Lebensstils.

Die nicht nur juristischen Risiken für die Teilnehmer an gewaltfreien Aktionen des zivilen Ungehorsams nehmen von 1. nach 4. zu.

Gewaltfreiheit braucht Mut, innere Kraft und Stärke. Es erfordert erhebliche Arbeit an sich selbst, bis der so tief in uns verwurzelte Gehorsamsimpetus aufgebrochen werden kann. Gewaltfreiheit ist auch kein Verzicht; sie ist vielmehr praktizierte Souveränität.

Das Ausmaß des gewaltfreien Widerstands und die Reaktionen auf ihn sind immer auch ein Gradmesser für die demokratische Kultur eines Landes. Für die Herrschenden ist dieser Widerstand immer unbequem *und* gefährlich. Denn er ist auch ein Widerstand gegen die industrielle Lebensform, ist also mehr als nur ein Schrittmacher für überfällige Reformen. Und er verläßt natürlich, wenn er selbst zur Lebensform heranwächst, die Ebene bloßer Symbolik.

Begrenzung, Verantwortung, Standhaftigkeit – Mensch und Ethik in einer neuen Gesellschaft

1 Verantwortungsethik als Präventiv- und Begrenzungsethik

Die Menschen leben nebeneinander, wirtschaften nebeneinander und zerstören nebeneinander, ganz so, als besitze jeder sein eigenes Universum, das, nachdem es abgewirtschaftet, beliebig erneuerbar ist.

Wir handeln verantwortungslos. Was kann unter diesem Vorzeichen eine neue Ethik leisten?

Im Sinne von Beschreibung und Bewahrung als auch im Sinne von Normsetzung und Entwicklung, von vorausplanendem Gestaltungswillen kann eine neue Ethik zur Basistheorie menschlicher Lebensführung werden. Sie zielt auf Zweckrichtigkeit, und sie weist der Wahl und dem Einsatz der Mittel ihren Weg. Dazu muß sie nachvollziehbar und verallgemeinerbar sein. Der Schritt vom Prinzip zum Handeln bedarf für den einzelnen und/oder die Gruppe der Einsicht.[1]

In der Verantwortungsethik verwächst symbiotisch das Bewußtsein von Lebenszyklen, Umwelt- und Systemzusammenhängen. Sie zielt als Leitethik immer auf die Gesamtverantwortung des Menschen für das Gesamtsystem Erde. Und sie erschließt von dieser Perspektive die Systemverantwortung für die Beziehungswelten Natur-Natur, Mensch-Natur und Mensch-Mensch. Sie ist *die* Lebens- und Überlebensethik. Sie ist Bewahrethik für die folgenden Generationen.

Verantwortungsethik ließe sich in den Worten Ernest Jouhys auch als eine Form dialektischer Vernunft bezeichnen. Dialektische Vernunft »ist matrigen und patrigen zugleich. Sie begreift die gesamte Existenz und damit sich selbst als Produkt sowohl eines unbegreifbar sinnvollen, kosmisch-organischen Prozesses wie als Ergebnis zielstrebig bewußter Tätigkeit, mithin als Natur und Kultur. Mit der Einsicht in die geschichtlichen Abgründe des Machbarkeitswahns [. . .] begreift die dialektische Vernunft die Notwendigkeit, kollektiv wie individuell zielgerichtet zu handeln, zu arbeiten, zu bauen, zu verändern und zu kämpfen, orientiert dialektische Vernunft das individuelle Verhalten im Rahmen der konfliktuellen Weltkultur und Weltbarbarei im Bewußtsein eines natürlichen wie eines historischen Universums, das nicht zielstrebig gemacht wurde und nicht logisch zu deuten ist.«[2]

Diese dialektische Vernunft bedeutet den Abschied von universell gültigen und statischen Letzt-Einsichten.

Verantwortungsethik setzt für ihre Entfaltung, für die individuelle und gruppenbezogene Umsetzung verschiedene, zusammenhängende Basisprinzipien voraus:

- Partizipation z. B. bei Problemfindung, -definition und -lösung;
- Freiheit z. B. als Entscheidungsfreiheit und Ausschluß von Irreversibilität;
- Vielfalt z. B. als Artenvielfalt oder Optionen für alternative Entwicklungen;
- Lebenswert z. B. als Unantastbarkeit und Förderungswürdigkeit des Lebens;
- Solidarität z. B. als Gerechtigkeit und Verteilungsgerechtigkeit und Geschwisterlichkeit.

Es sind diese Prinzipien, die Nebenfolgen des menschlichen Handelns immer auch persönlich zurechenbar machen.

Verantwortungsethik ist immer auch Präventivethik. Nicht erst aus Fakten darf sich die Konkretion der Verantwortungsethik ergeben, sondern bereits in der Vorbeugung, der Vor-Sicht. Präventivethik will Schaden verhindern statt reparieren. Sie will vor allem auch Nutzen gestalten. Sie wendet sich gegen das Prinzip von Trial-and

Error und fragt zunächst, was man überhaupt können soll. Sie tabuisiert den Eingriff in systemische Zusammenhänge, solange diese nicht verstanden worden sind. Was in der Selbstorganisation natürlicher Lebensvorgänge und in natürlichen Prozessen eine bedeutende Rolle spielt, die Irreversibilität, das läßt die Präventivethik für den menschlichen Eingriff in Natur und Sozialumwelt nicht gelten. Sie ist eine Ethik der Skepsis und des Zweifels, der Umsicht und Rücksicht und der positiven, instinktiven Vorsicht. Sie ermuntert zum behutsamen Vorantasten und verabscheut den blinden maskulinen Pragmatismus mit seiner menschen- und naturverachtenden Restrisikophilosophie. Präventivethik läßt Platz für das Unbegreifliche der Schöpfung, für das Staunen. Sie ist ein Kind des Überflusses, der Beseitigung des Mangels. Erst die Freiheit vom Kampf ums Überleben hat bei manchen Menschen den Blick für das Bewahrenswerte geöffnet. Die Weisheit der Indianer, daß man Geld nicht essen kann, geht mehr und mehr Menschen auf. Sie erkennen, daß die Lebensqualität in dem Maße sinkt, wie das Leben von Produktion und dem Verbrauch von Gütern beherrscht wird.

Es ist für unsere Gesellschaft charakteristisch, daß die Ökonomie das politische Bewußtsein bestimmt. Sie tut dies allerdings nicht eindimensional. Ablehnung eben genau der vorherrschenden Produktionsweise und Produktionsverhältnisse ist in diesem Bestimmungsrahmen genauso denkbar wie die blinde Akzeptanz. Die Präventivethik zieht aus der ökonomischen Determination des Bewußtseins die Konsequenz. Sie stuft die Ökonomie zurück, paßt sie ein in das Spiel der anderen Kräfte. Moral, Wertvorstellungen, Tradition und Religion sind wieder gleichberechtigt. Das setzt den Ökonomismus konterkarierende Prozesse der Bewußtseinsbildung frei; das verhilft etwa der Ökoethik als Katalog von Anstandsregeln im Umgang mit der Natur zu dem ihr zustehenden Gewicht, das wir in den Leitsatz passen können: Ökosystem vor Wirtschaftssystem und vor Soziosystem. Die Voraussetzung zum Leben ist zunächst das Überleben in der Biosphäre.

Verantwortungsethik und Präventivethik münden so in eine Begrenzungs-, eine Bescheidungsethik: Begrenzung auf das Überschaubare, Verstehbare und Bewertbare, Bescheidung mit dem Machbaren, das in Ökosystem, Soziosystem und in die Wertvorstellungen, die beiden zugrundeliegen, nicht störend oder zerstörend eingreift – Bescheidung somit mit dem, was wir gestalten können, ohne etwas anderes zu belasten.

Ein Großteil der heutigen Probleme sind Größenprobleme. Der österreichische Philosoph Leopold Kohr formuliert gar: »Hinter allen Formen des sozialen Elends steht nur eine einzige Ursache: nämlich Größe. Wo immer etwas falsch ist, ist es zu groß.« Positiv formuliert heißt das: die richtige Größe ist Voraussetzung zum Überleben. Die Dinge, Sachverhalte, Beziehungen, Bezüge und Probleme sind auf ein handhabbares Maß zurückzubringen, damit wir mit ihnen leben können.

Die Eigenschaft des Menschen, mit einer bestimmten Anzahl von anderen Menschen, Sachen, Bezügen und Informationen bewußt und aufmerksam umgehen zu können, ist biologisch und sozial determiniert. Wir nennen diese Eigenschaft Valenz.

Sie ist das Selektionsprinzip von Lebewesen in der Evolution: wer die Informationsfülle wirksam begrenzen konnte (wirksam= überlebenswichtig), überlebte. Computer arbeiten nach dem umgekehrten Prinzip: alles erfassen, ganz weitergeben, total verarbeiten.

Valenz heißt also für den Menschen, daß er nur in einem bestimmten Rahmen Freundschaften pflegen, Menschen betreuen, sich nur in einem bestimmten Rahmen Massenmedien aussetzen, sich nur in einem bestimmten Rahmen als Heimat bewegen kann. Jenseits des Rahmens nimmt seine Aufmerksamkeit zwangsläufig ab, büßt Zuwendung an Intensität ein, wird die Beziehung flüchtig. Sicher kann jeder Mensch zu jeder Zeit jeden Rahmen verlassen, können die Grenzen bestimmter Rahmen zielgerichtet erweitert werden. Beides jedoch setzt der Valenz anderer Bezüge und Beziehungen engere Grenzen.

Die Eigenschaft der Valenz verdeutlicht, wie wichtig das Erkennen des jeweiligen Rahmens und der entsprechenden Rahmenbedingungen für nichtentfremdetes *und* effektives Handeln und Verhalten ist. Yona Friedman beschreibt diesen Rahmen als kritische Größe oder kritische Gruppe: »Wir verstehen unter kritischer Gruppe die größtmögliche Gesamtheit von Elementen (Menschen, Dingen und Bindungen), mit denen die gute Funktion einer Organisation von bestimmter Struktur sichergestellt werden kann.«[3] Für die Größe der kritischen Gruppe ist nach seiner Auffassung neben der Valenz u. a. auch die soziale Struktur der Gruppe und die für bestimmte Zusammenhänge notwendige Reaktionsgeschwindigkeit mitverantwortlich.

Valenz, Rahmenbedingungen und kritische Größe sind nicht nur für Staaten, Organisationen, Institutionen und soziale Gruppen relevant, sondern auch für den einzelnen – auf der sozialen wie auf der dinglichen Ebene. Auch Dinge erfordern Zuwendung und müssen auf ihre spezifische Art gepflegt und versorgt werden, auch Dinge strapazieren die Valenz. Je mehr sie im Leben eine Rolle spielen, desto mehr geht an Zuwendungsfähigkeit und Zuwendungskraft für das menschliche Miteinander und die Beziehung zur Natur verloren. Errichten wir also keine mit Dingen zugestopften Paläste; von menschlichen Beziehungen können sie nur entleert sein.

Von erheblicher Bedeutung sind Valenz und kritische Größe für die menschliche Kommunikation. Weltweit sollen wir nach den Versprechungen der Männer, die die Informationsgesellschaft propagieren, bald miteinander kommunizieren können, jeder mit jedem: die Welt als Dorf. »Global Village« nannte Marshall MacLuhan denn auch das anzustrebende Resultat der grenzüberwindenden Epoche.

Keine Frage: die weltweite Kommunikation aller mit allen ist technisch machbar. Scheitern muß sie am Menschen. Denn totale Kommunikation setzt absolute Informationsmöglichkeit, absolute Informationsbereitschaft und absolute Nutzungs- und Aufnahmebereitschaft voraus.[4] Damit, so wiederum Friedman, stößt sie jedoch an die »Beschränktheit des zerebralen Mechanismus der Menschen.«

Bleiben wir noch einen Moment beim Bild von der Welt als Dorf. Was unterschiede dessen Bewohner von denen eines wirklichen Dorfes?

Für »Dorf« steht die Überschaubarkeit, resultierend aus Primärerfahrungen, steht unvermittelter Kontakt, Gemeinschaft und Gemeinsamkeit in vielen alltäglichen Fragen. Dorf, das ist die Dominanz des individuellen, auf andere Dorfmitglieder bezogenen Verhaltens. Die Bewohner des Dorfes Welt dagegen verbindet lediglich die theoretische Chance des mehr oder weniger anonymen und momenthaften Kontakts via Informationstechnik. Die universale elektronische Kommunikation hieße – auch weil sie kulturelle, sprachliche und wertbezogene Besonderheiten mißachten muß – den Ausschluß von wirklicher Gemeinschaft. Die Weltkommunikation aus dem Wohnzimmer heraus geht auf Kosten einer Teilnahme am Geschehen in der eigenen Lebenswelt.

Die Begrenzungsethik zieht Schlußfolgerungen aus solchen Fehlentwicklungen. Für sie wächst in der Kleinheit das für alle würdige Existenz erforderliche Urvertrauen. Die Kleinheit, die Polis, die Ethnie ist Quell aller gestaltenden Kräfte. Die meisten großen, universalistischen Theorien und Utopien haben dies verkannt; denn sie abstrahieren von der Geschwisterlichkeit. Sie bezogen und beziehen sich auf das Universum der Menschheit oder der Staaten und Staatengemeinschaften. Und sie haben dabei das generelle und generalisierbare Ziel nur als verwirklichbar im generellen Rahmen betrachtet. Das große Ziel ist aber im größten Rahmen nicht zu erreichen, wenn es im kleinen nicht zuvor schon erreicht worden ist. Der Weltfriede z. B. entsteht nicht durch Verträge, Abkommen und Abschreckung. Jeder Friedensvertrag ist Makulatur, wenn die Menschen den Frieden nicht gelernt haben und nicht gelernt haben, ihn zu praktizieren und zu pflegen. Der Frieden in der Familie oder in der Gruppe ist machbar; er ist es in jeder überschaubaren Einheit. Die Verantwortung für den großen Frieden beginnt im Verhältnis der Eltern zu ihren Kindern.

Abschied von der Großtechnologie – Abkehr vom Maschinenmythos

Wir können und wollen ohne Technik nicht mehr leben. Zu technisch abhängig ist alles, was uns umgibt, und zu abhängig sind wir selbst von Maschinisierungsvorgängen. Was wir aber können, ist, uns eine auf Technik bezogene Begrenzungsethik zu eigen zu machen. Diese ruft nach unserem heutigen Entwicklungs- und Wissensstand nach einer anderen Technik.

Das ethische Bewußtsein der industriegesellschaftlichen Vergangenheit und Gegenwart ist durch einen Prozeß der Anpassung ethischer Werte an das Industriesystem und die in ihm geschaffene Technik geprägt. Die Technik selbst wurde nach und nach zum Wert und zur Tugend. Was machbar war, galt es auch zu tun. Wie gehen wir heute mit den Resultaten um? Ist die Technik einer industriell verkommenen Gesellschaft positiv nutzbar?

Wo sich das Destruktive der Moderne in Destruktivtechnologie materialisiert hat, kann diese Frage sicher nicht mit ja beantwortet werden. Massenvernichtungswaffen, die Atomtechnik, die Gentechnik, die Groß-Chemie und die vernetzten Groß-Computersysteme sind nicht natur- und menschenfreundlich zu wenden. Die Frage nach den Opfern im Verhältnis zur erreichten Nützlichkeit läßt keinen Mittelweg. Nur der Verzicht auf die Katastrophentechnologien macht in diesen Fällen Sinn. Das notwendig Machbare muß im Verzicht auf das mögliche Machbare bestehen und in der Rücknahme des bereits Geschehenen.

Jacques Ellul hat der machtschaffenden und machterhaltenden Technik das Leitmotiv der »Non-Power« gegenübergestellt.[5] Non-Power meint sowohl Machtminderung als auch Machtverhinderung. Im Geist der Verantwortungsethik können wir so das Prinzip »Ökosystem vor Soziosystem« fortschreiben in der Formel »Ökosystem vor Soziosystem vor Technosystem«. Die Technik gehört im Verhältnis zu Mensch und Natur ins letzte, ins unterste Glied.[6] Nicht machbar darf sein, was die friedliche Koexistenz zwischen Mensch und Natur und zwischen den Menschen stört; technischen Systemen ist der Zutritt verboten, wenn sie in natürliche Zyklen eingreifen wollen, die erforderlich zum Erhalt bzw. der Regeneration und Reproduktion natürlicher Systeme sind. Im Zweifelsfall ist nichttechnischen Machbarkeitsvarianten der Vorzug zu geben. Sie sind fast überall denkbar.

Der Verzicht auf Großtechnologie heißt nun nicht Verzicht auf Technik überhaupt. Aber die Kriterien für Technikentwicklung und Technikeinsatz sind neu zu bestimmen. Es darf nur das entwickelt und eingesetzt werden, was verstanden wurde, überschaubar und im positiven Sinne beherrschbar ist. Die kritische Größe gilt auch für technische Systeme. Auch hier gibt es eine Valenz, mit der proportional zur Komplexität sinkenden Überschaubarkeit und Kontrollfähigkeit. Allerdings müssen wir jetzt unser Größenverständnis ein wenig modifizieren bzw. erweitern. Größe kann auch im Kleinsten ruhen, der Dichte – im biochemischen System etwa oder im Chip.

Die Beherrschbarkeit setzt Transparenz, Betriebssicherheit und für den Zweifelsfall Fehlerfreundlichkeit voraus. Fehlerfreundlich ist ein technisches System, wenn durch technisches oder menschliches Versagen hervorgerufene Störungen nicht gleich zu Systemzusammenbrüchen und Katastrophen führen. Fehlerfreundlich ist etwa im Gegensatz zur Atomtechnik ein dezentrales Energiesystem, das auf regenerativen Energiequellen und einer Kraft-Wärme-Kopplung beruht.

Beherrschbarkeit erfordert weiterhin Reversibilität. Angesichts des Umstandes, daß Menschen irren können, müssen einmal entwickelte technische Systeme rückholbar sein. Das ist nur dann denkbar, wenn sie sich mit der technischen Infrastruktur insgesamt und den politischen, wirtschaftlichen und sozialen Strukturen nicht schon im Sinne neuer Strukturbildung verwoben haben. Zur Reversibilität mahnen die schrecklichen Monumente der Atom- und Biotechnik: genetische Manipulationen werden Teil der Natur, und Plutonium hat eine Halbwertzeit von 20000 Jahren. Beides ist jetzt schon so wenig rückholbar wie Innovationen, deren Erforschung und gesellschaftlicher Einsatz mit riesigen Kosten verbunden ist. Die Computerisierung, vor allem das geplante Glasfaser-Universalnetz sind dafür genauso beispielhaft wie die autofreundliche Verpackung der Republik in einem engmaschigen Beton- und Asphaltnetz.

Eine neue Technik darf allerdings nicht alternativlos sein; sie darf in keine technologische Einbahnstraße ohne Abzweigungsmöglichkeiten führen. Die Zeit drängt nach Vielfalt, ja Chaos, vor allem nach Nicht-Kompatibilität und Strukturoffenheit. Nur Vielfalt gewährleistet auch einen Minderheitenschutz, der vom Technikschutz bis zur technischen Wahlfreiheit reicht und sogar hinreichend Spielraum für eine erfolgreiche Technikblockade läßt.

Beherrschbarkeit, Transparenz, Fehlerfreundlichkeit, Reversibilität und Strukturoffenheit brauchen als Basisüberlegungen Zeit, um sich durchzusetzen. Das heißt, die für die Entwicklung und Erprobung neuer technischer Systeme erforderlichen Zeit-Spiel-Räume ergeben sich aus der Geschwindigkeit der sozialen Entwicklung und des Lernvermögens, aus der Fähigkeit der Gesellschaft mithin, reflexiv und gestaltend in entstehende Prozesse einzugreifen. Nicht Technik darf zu immer neuen Anpassungszwängen führen, sondern in der Gesellschaft regelt sich die Bewertung von Technik nach einem von Zeitdruck befreiten Abwägen des Für und Wider. Was wir brauchen, ist Zeit-Spiel-Raum statt Wettbewerbszwang, Profitmaximierung und Produktivitätsfortschritt.

Die neue Technikethik erlaubt den Menschen mehr als ein »Nein, aber ich weiß nicht weiter.« Sie soll ermutigen zum »Ja, aber nicht so wie bisher.« Dieses Ja ist nicht identisch mit der Forderung nach alternativer Technologieentwicklung und -anwendung als plumper Fortführung des traditionellen Fortschrittsdenkens in einem neuen und sanft erscheinenden Gewande. Es kann nicht darum gehen, die Zukunft schon wieder technisch zu verplanen, diesmal nur ein wenig dezenter. Wer das will, hat nichts verstanden. Die Reihenfolge lautet: Ökosystem vor Soziosystem vor Technosystem. Das »Ja, aber nicht so wie bisher« setzt dabei zunächst immer das Abstreifen der vorhandenen Technik-Zwänge voraus. Und es hat gebrochen mit dem Mythos der Mechanisierung und Automatisierung, vor allem mit dem Geist, der nur in blinder Veränderung die Kontinuität und die Stabilität sieht.

Das Beispiel Datenethik – informationelle Selbstbestimmung heißt Dateneinsparung

Völlig außer Kontrolle geraten sind die Datenlawinen in unserer informationellen Umwelt. Datenüberfütterung im Beruf, im Supermarkt, in der Bank, auf dem Amt; Datenüberfütterung in der Freizeit durch die Print- und elektronischen Medien. Der Mensch des ausgehenden 20. Jahrhunderts erstickt in der Produktion der sogenannten Informationsgesellschaft. Alles schreit nach Daten, jeder fordert sie hierfür und dafür an und erhält sie normalerweise auch. Politiker, Banker, Wissenschaftler, Journalisten, Gewerkschaftler und Bürgerinitiativler – kurze Zeit ohne aktuelle Daten, und sie fühlen sich entwurzelt, alleingelassen in der Komplexität der Industriegesellschaft, ohne Ziffern zum Festklammern. Wie bei Drogenabhängigen wird die Zeit unfreiwilligen Entzugs nicht als Warnung und Chance empfunden, sondern als Schmerz.

Fehlen irgendwo Daten, ist zunächst eine Kommission oder eine Institution vonnöten, um Daten zu produzieren, mit denen dann angemessen beurteilt werden kann, warum Daten fehlen und welche Daten nötig sind, um die erforderlichen Daten zu produzieren. Nur bitte keine

Sinnfragen stellen, mit Sinn können Computer nicht umgehen. Sinn paßt nicht in Datenbanken, ja, er würde sie in Frage stellen.

Die Forderung nach einer stetigen Fortführung und Erweiterung des Informationsausstoßes grenzt in mehrfacher Hinsicht an Schwachsinn:

- Kein Mensch ist in der Lage, auch nur mit einem Bruchteil der auf ihn zuströmenden Daten und Informationen angemessen, sprich reflektiert umzugehen (Valenz);
- informationelle Grenzüberschreitung bewirkt das Gegenteil des Intendierten, nämlich Desorientierung und in der Folge durch Panik hervorgerufene Vereinfachung statt Orientierung und Differenzierung;
- ein erheblicher Prozentsatz der produzierten Daten ist redundantes Material, Informationsschrott. »More and more information – less and less meaning«: so bringt Jean-Pierre Dupuy diesen Tatbestand auf eine kurze Formel. Wir sollten vielleicht ein neues Maß einführen: den Informationsgehalt pro Tonne Papier bzw. den Informationsgehalt pro Gigabyte.

Hinzu kommt, daß eine Ausweitung des Informationsangebotes in Verbindung mit informationstechnischen Innovationen in der Regel zu einer bürokratischen Expansion führt; paradoxerweise wurzelt die mit der bürokratischen Expansion verbundene Kontraproduktivität in dem Bestreben, durch Bürokratisierung Informationskomplexität abzubauen. Informatisierung, Computerisierung und Bürokratisierung münden unter dem Strich gemeinhin in sinkende Effizienz. Informationstechnik benötigt wiederum Informationstechnik zu ihrer Funktionstüchtigkeit und Kontrolle; ein Großteil der erforderlichen, verarbeiteten und ausgestoßenen Informationen sind Kontrollinformationen für das technische System selbst.

Zweifellos hängt die Datenexplosion in der modernen Industriegesellschaft mit der Diversifikation der industriellen Produktion und mit den Weiterentwicklungen in Wissenschaft und Forschung zusammen. Sie ist aber auch eine Folge von sich selbst. Und sie trägt zur Progression allgemeiner gesellschaftlicher Entgrenzung bei. Großtechnologien wie die Kerntechnik, die Chemietechnik, die Biotechnik und die waffentechnischen Systeme sind ohne Informationstechnik als Voraussetzung für ihre Entwicklung und Kontrolle nicht denkbar. Eine Datenethik und in der Folge eine Datenbegrenzung hätten deshalb auch für andere gesellschaftliche Bereiche gravierende Folgen.

Eine überschaubare Lebens- und Sozialumwelt, der überschaubar und transparent organisierte Betrieb, eine segmentär statt funktional differenzierte Gesellschaft würden weniger Kontrolldaten erfordern. Kleinheit braucht keine Datenmassen. Zugleich wächst die Bedeutung des menschlichen Wahrnehmungsapparates, der menschlichen Sinne. Das Notwendige läßt sich auch ohne Apparate, auf jeden Fall aber mit weniger technischer Unterstützung erfahren und verarbeiten.[8]

Die Vergangenheit war geprägt von der Frage, wie mehr und mehr Daten immer schneller transportiert werden können. Die Zukunft muß sich der Frage stellen, wieviel Daten der Mensch braucht, was wir an Informationen und informationellen Prozessen benötigen, um das soziale Kollektiv human zu gestalten. Und das heißt auch: Was brauchen wir nicht, was wollen wir nicht, wie können wir uns von der informationstechnischen Abhängigkeit lösen, wo können wir den Datenanfall begrenzen und trotzdem Vielfalt sichern.

Eine Zusatzfrage ist, wie sich das Verdatbare begrenzen läßt.

Verdatbare Informationen sind Informationen, die bereits auf ein maschinengerechtes Niveau gebracht worden sind, also standardisiert wurden. Sie sind damit keine Informationen mehr, sondern lediglich Daten. Wenn nun in jeder Organisation, jedem Betrieb, jedem Kollektiv bestimmte notwendige Informationserfordernisse an den menschlichen Informationsaustausch gebunden werden, verändert sich nicht nur die Qualität der Information – sie wird um soziale Komponenten angereichert – sondern auch die technische Informatisierungsmöglichkeit.

Der Betriebswirtschaftler Herbert Kubicek zieht einen Vergleich mit der Energietechnik: »Wie bei der Kernenergie wird bei der Telekommunikation vor allem darüber diskutiert, wie der erwartete Bedarf am besten befriedigt werden kann. Baumaßnahmen und Tarifstrukturen, die die Energieeinsparung begünstigen, wurden lange belächelt. Heute sind solche Maßnahmen mehrheitsfähig. Organisationsstrukturen und Richtlinien, die die Dateneinsparung zum Ziel haben, sowie Netz- und Tarifstrukturen, die den Datenverkehr begrenzen, erscheinen heute noch exotisch. Wer aber will mit Gewißheit sagen, ob nicht auch die Dateneinsparung in 20 Jahren ein mehrheitsfähiges politisches Ziel ist?«[9]

Das heißt: schon der Verzicht bzw. die Einsparung führt zu einer anderen Gesellschaft. Es wäre für den Weg in diese andere Gesellschaft ein Fehler, die Wirkungen von Begrenzungshandlungen zu unterschätzen.

Die Sprache prägt das Denken und mit dem Denken auch das Bewußtsein. Unsere Sprache hat sich der Maschinisierung der Gesellschaft weitgehend angepaßt und sie damit zugleich gefördert. Ein sorgsamerer Umgang mit Sprache, eine sprachbewußtere Gesellschaft geht einer geschichtsbewußteren, wert- und normenbewußteren Gesellschaft voraus. Es ist selbstverständlich geworden, etwa von

Informationstechnik, Kommunikationstechnik, dialogischen Systemen, intelligenten Computern und interaktiven Netzen zu sprechen. Wenn wir das nicht ändern, wenn wir Intelligenz, Kommunikation und Interaktion nicht wieder dahin stellen, wo sie hingehören, und von dort aus weiterdenken, wird es schwerer mit der Entdatung und Entinformatisierung. Die nächste Generation könnte dann vielleicht nicht mehr in der Lage sein, sich unter Interaktion und Dialog etwas anderes vorzustellen als zusammengeschaltete Computer. Bevor die Formgebung der Mensch-Maschine-Irrationalitäten in der Sprache nicht erkannt und beseitigt worden ist, fehlen die passenden Worte zum Transport der neuen Ethik.

2 Leben im sozialen Biotop

Was mit den Begriffen Kritische Größe, Überschaubarkeit und Beherrschbarkeit als zunächst abstrakte Grundlage einer ethischen Vorstellung formuliert worden ist, soll nun auf die Ebene sozialer Gemeinschaft übertragen werden. Hilfreich dabei ist die soziologische Systemtheorie. Sie unterscheidet zwischen funktionaler und segmentärer Differenzierung.[10]

Funktional differenzierte Systeme, etwa Bürokratien, reduzieren ihre wachsende Komplexität durch zunehmende Arbeitsteilung und Spezialisierung. Sie errichten ein äußerst verzweigtes und höchst diversifiziertes Gerüst, in dem alles zusammenhängt und ineinandergreift. Steigendem Problemdruck werden jeweils neue Spezifizierungen und Differenzierungen entgegengesetzt. Funktional differenzierte Systeme sind deshalb äußerst anfällig. Sie benötigen einen immensen Koordinationsaufwand; kleine Störungen ziehen schnell das Gesamtsystem in Mitleidenschaft. Es ist immer nur eine Frage der Zeit, bis diese dem Wachstumszwang unterliegenden Systeme zusammenbrechen bzw. in Handlungsunfähigkeit und Kontraproduktivität erstarren.

Die segmentäre Differenzierungsform reduziert Spezialisierungen und Arbeitsteilung auf das erforderliche Minimum innerhalb eines festgelegten Rahmens. Der Rahmen steht für Überschaubarkeit und ökologische Dimensionen. Er verhindert Ausuferungen, die in Anonymisierung enden. Segmentäre Differenzierung entlastet das Gesamtsystem und sichert ihm gleichzeitig Ultrastabilität. Der Koordinationsaufwand ist gering. Probleme in den Subsystemen sind nicht per se Probleme des Gesamtsystems; sie lassen sich zudem in begrenztem Rahmen schneller und besser lösen. Segmentäre Differenzierung ist das Prinzip der Evolution. Nur sie erlaubt auch im gesellschaftlichen Rahmen Selbstorganisationsprozesse, Freiheit, Vielfalt und Emanzipation. Gleichzeitig weist sie den verschiedenen Einheiten größere Verantwortung zu, denn Vielfalt, das ist auch Ungleichheit, Respektierung des Besonderen.

Aus dem Blickwinkel des modernen Sozialstaates erscheint segmentäre Differenzierung schnell als äußerst riskant. Doch ist ein solches Urteil voreilig. Die Differenzierungseinheiten müssen erstens keine Inseln sein, keine Trutzburgen in einer als feindlich empfundenen Umwelt; vielmehr stehen sie miteinander in Kontakt und sind Teil eines Netzwerkes, das die Überlebensfähigkeit auch der Schwächeren garantiert. Zweitens verfügen kleine Einheiten natürlich über wesentlich effektivere Möglichkeiten zum Notbehelf als Größtorganisationen. Schnelle gegenseitige Hilfe, die im Krisenfall bis zum Tauschhandel reicht, ist mit geringem Organisationsaufwand zu realisieren.

Segmentäre Differenzierung ist eine gesellschaftliche

Organisationsform, die nicht nur für das menschliche Zusammenleben von Wert ist. Sie besitzt auch Modellqualität für soziotechnische Systeme: die Wasser-, Strom- und Wärmeversorgung zum Beispiel. Segmentäre Differenzierung heißt ja nicht Rückstufung ins Mittelalter, im Gegenteil. Wir benötigen genau in diesen Fällen modernste, allerdings humane, beherrschbare und ökologisch verträgliche Technologie. Gerda Zellentin hat in ihrem Buch »Abschied vom Leviathan« Vorstellungen für eine solche Energietechnik entwickelt. Ausgehend von der Überlegung, daß die Energieform auch die Ordnungsform bestimmt, beschreibt sie einen Energieeinsatz, der der Entropie aus zunehmender Abwärme und Verschmutzung entgegenwirkt. Es ist eine sanfte Energie, die nicht alle folgenden Generationen auf ein zentralisiertes und technisch überrüstetes Energie- und damit auch Industriesystem festlegt.[11]

Segmentäre Differenzierung, schrittweise verwirklicht, ist die Verabschiedung aus einer chaotischen und auf dem Ausbeutungsprinzip basierenden Weltwirtschaft. Sie ist der Einstieg in die Entflechtung des Weltmarktes und der Ausstieg aus unkalkulierbaren Abhängigkeiten und Risiken. Sie ist Widerstand gegen den Größenwahn, wie er sich etwa in der Europäischen Wirtschaftsgemeinschaft und in allen Formen des Kolonialismus und Neokolonialismus, in Imperien und Superorganisationen zeigt.

Beim Wirtschaften in einer moralisch verantwortbaren Form könnte es sich unter Zugrundelegung des Leitsatzes »Ökosystem vor Soziosystem vor Technosystem« immer nur um Formen der Ökonomie handeln, die auf Lebensschaffung, Lebenserhalt und -bewahrung ausgerichtet sind, um ein Wirtschaften für das Leben, nicht um der Warenproduktion willen. Es respektiert natürliche Kreisläufe und richtet sich nach der Einsicht, daß wir dort, wo wir etwas nehmen, auch wieder etwas hinzufügen müssen – allerdings nicht Kunstdünger und chemische Produkte.

Wirtschaften für das Leben heißt Befriedigung der Grundbedürfnisse weitestgehend unabhängig von anderen Wirtschaftsregionen. Die feministische Wissenschaftlerin Maria Mies schreibt: »Eine solche Wirtschaftsregion wird häufig nicht identisch sein mit dem Territorium eines Nationalstaates. Kriterium für die Definition solcher Regionen müßte die Frage sein, ob sich innerhalb dieser Region selbsterhaltende Überlebenssysteme aufbauen lassen und ob die Region für die dort lebenden Menschen überschaubar ist. [...] Die Umgestaltung der Wirtschaft müßte konsequenterweise mit dem Land und der Landwirtschaft beginnen. Denn es sind ja auf der ganzen Welt die urbanen Zentren, die sich auf Kosten des Landes und der Ökologie ausgebreitet haben.« Es stellt sich somit die Frage: »Was ist in einer gegebenen Region ohne Ausbeutung der Erde, der Frauen und fremder Völker möglich?«[12]

Menschen, die in Regionen leben, die auf sich selbst erhaltende Überlebenssysteme hin organisiert sind, hätten ein ausgeprägteres Verantwortungsgefühl gegenüber der Umwelt. Ihr Leben hinge von ihr ab, und das wüßten sie.

In einer segmentär differenzierten Gesellschaft ist das Zentrum des Lebens die Gemeinde. Sie ist Quell der sozialen, kulturellen und politischen Identität der Menschen. Die Gemeinde genießt Unabhängigkeit. Sie hat weitgehende Befugnisse in ausnahmslos allen politischen Bereichen, sie ist Ausgangspunkt und Endpunkt einer Dezentralisation der meisten politischen Funktionen. Die Gemeinde nimmt in der segmentären Gesellschaft die Rolle wahr, die ihr vom Ursprung und Wesen her gebührt: sie ist *die* Einrichtung direkter Demokratie. So gelangen die Fähigkeiten des einzelnen Menschen zu ihrem Gewicht. So erwächst aber auch aus der Abhängigkeit voneinander ein Gefühl des Bewußtseins vom Ganzen und von der Mitverantwortung für das Ganze.

Die Gemeinde, von der wir träumen, ist eine Einheit und gleichzeitig Hort der Vielfalt. Sie vereinigt die Widersprüche, ohne sie aufzuheben. Sie ist ein hochsensibles Gemisch, das seine Kraft gerade aus dieser Sensibilität erfährt. Sie ist ein Angebot für die Lokalisierung der menschlichen Erfahrung, ohne der Erfahrung selbst Grenzen setzen zu wollen. Sie bietet beides: Nähe und Distanz, Intimität und Öffentlichkeit, Verbindlichkeit und Offenheit. Sie bleibt auch Heimat für den, dem ihre Grenzen zu eng erscheinen. Sie schließt aus, was Richard Sennett »die Tyrannei der Intimität« nennt: die Zunahme von Ungeselligkeit, Schmerzhaftigkeit und Destruktivität in den Beziehungen mit wachsender Nähe.[13] Diese Gemeinde könnte vielleicht verhindern, was mir auf einer Tagung ein junger Sozialarbeiter erzählte: »Ich bin groß geworden, 20 Jahre lang, in einer dörflichen idyllischen Umgebung in dieser deutschen Republik, der Reichs-Nachfolge-Republik, und ich muß sagen, ich genieße heute die Anonymität der Großstadt.«

Diese Gemeinde natürlich ist noch eine Utopie. Zunächst bedarf es der Vorbereitung auf der sozialen Mikroebene, in den Keimzellen der Gemeinschaft. Von hier geht alles aus und findet alles wieder zusammen.

Solche Keimzellen sind Lebensgruppen, bestehend aus Familien, Lebensgemeinschaften und allein lebenden Menschen. Ihre Größe richtet sich nach der Möglichkeit von unmittelbaren Kontakten, ihr Beziehungsmaßstab ist die Personennähe in einem der direkten sinnlichen Wahrnehmung jederzeit zugänglichen, überschaubaren Raum. Erfahrungen mit solchen Gruppen in Dänemark und

Schweden sprechen von 30 bis maximal 80 Menschen als idealer Gruppengröße[14], doch sind sicher auch kleinere Gemeinschaften denkbar, je nach der Wohn- und Lebenssituation.

Lebensgruppen sind also ein Zusammenschluß von Menschen, die sich zusammengehörig fühlen bzw. sich aufeinander zubewegen wollen. Ihr Alltagsmotto ist Solidarität, Hilfsbereitschaft, Überzeugungsarbeit. Sie erleichtern sich gegenseitig das Leben und setzen dadurch neue Energien frei. Sie verfolgen gemeinsame Projekte, arbeiten gemeinsam an ihren Fähigkeiten, schaffen sich einen eigenen kulturellen Rahmen.

Robert Jungk sagte mir im Oktober 1986 bei einem Spaziergang, daß wir uns möglicherweise auf ein düsteres Zeitalter zubewegen, indem wir wie die frühen Christen auf Katakomben des Überlebens angewiesen sein könnten, und zwar physisch, psychisch und politisch.

In Lebensgruppen gilt der blinde Pragmatismus nichts. Hier zählen allein Überzeugung, Vertrauen und Zweckorientierung im Denken und Handeln, gesteuert von den Prinzipien der Verantwortungs- und Begrenzungsethik.

Mehrere Lebensgruppen können sich zu Netzwerken auf lokaler und regionaler Ebene zusammenschließen, als lockerer Verbund mit gemeinsamem Ziel. Die Größe der Netzwerke bestimmt sich dabei aus der im Notfall erforderlichen Erreichbarkeit, ohne daß Informationstechnik eingesetzt werden muß.

Die Hierarchien in Netzwerken sind Zugeständnisse an die Kompetenz in jeweils unterschiedlichen Fragen. Netzwerke sind auch nicht identisch mit der Institutionalisierung und Funktionalisierung unserer Lebenswelt etwa in Form der Berufswelt; Überschneidungen sind trotzdem wünschenswert.

Erreichbarkeit, ohne daß Informationstechnik eingesetzt werden muß, bestimmt das Netzwerk-Territorium. Seine Mitglieder pflegen eine Kommunikationskultur, die sich der Maschinisierung durch Computer absolut entzieht und damit auch der technischen Kontrolle. Sie folgen dem Leitsatz, daß maschinengerechte Information kontextarme Information ist. Kommunikationsgruppen sind im Rauschen des Mediendschungels Nischen und Horte der Kommunikation, Biotope der Unmittelbarkeit. Sie sind technikfreie Zonen der Besinnung, Raum zur Kommunikation und kontemplativen Selbstfindung.

Die Kommunikation in den Lebensgruppen ist von Offenheit geprägt. Grundlage jeder Beziehung ist gegenseitige Anerkennung und Respekt. Offenheit und Verbindlichkeit, Anerkennung und Respekt verhelfen zu der Gesprächs- und Kommunikationsfähigkeit, aus der die Gruppe ihre Kraft schöpft. Die Gespräche richten sich nicht gegeneinander, sondern sind Ausdruck des Gemeinsamen.

Innerhalb der Lebensgruppen und Netzwerke haben alle Mitglieder den gleichen Zugang zu allen Informationen. Es gibt keine informationellen Hierarchien. In der Praxis werden sich Prioritäten seitens der einzelnen Mitglieder herausbilden, die mit unterschiedlichen Interessen und voneinander abweichenden Kompetenzen zu erklären sind.

Offenheit und die Abwesenheit traditioneller Hierarchien schaffen ein Klima für wirkliche Teilnahme aller Gruppenmitglieder an allen Gruppenprozessen. Sie verhelfen der Gruppe zu einer demokratischen Organisierung ihrer selbst. Lebensgruppen sind deshalb von entscheidender Bedeutung für die heranwachsende Generation. Sie begreifen die Kinder und Jugendlichen als – wo immer möglich – gleichberechtigte Mitglieder und übernehmen damit auch Aufgaben, die die Kleinfamilie nur zu oft nicht mehr leisten kann. Sie sind allerdings nicht nur für Kinder, sondern auch für die Erwachsenen selbst Ort des Lernens und Wiedererlernens demokratischer Kultur.

Kommunikationsgruppen sind sensibel. Sie lassen das Nicht-Sprechbare sprechen, die Körpersprache, Mimik und Gestik, das Gefühl füreinander. Das ist die wirkliche Sozial- und Solidargemeinschaft.

3 Die neue Gesellschaft muß vorgelebt werden

Das 19. und 20. Jahrhundert brachten dem industriegesellschaftlichen Menschen eine vorher nie gekannte Individualisierung. Gemeinschaftliche Bindungen und Absicherungen büßten an Bedeutung ein; der einzelne wurde unabhängiger vom Kollektiv. Gleichzeitig jedoch wuchsen seine Abhängigkeiten von den anonymen Apparaten staatlicher Risikoabsicherung und Versorgung.[15]

Großorganisationen auf nationalstaatlicher Ebene – wie Parteien und Gewerkschaften – waren zwar einerseits im Sinne des Bürgers notwendige Reaktionen auf die industriegesellschaftliche Vermassung, andererseits wurden sie aber auch zu ihrem stabilisierenden Teil und verstärkten die Entwicklung. Massenmedien leisteten ein übriges. Sie waren individuell nutzbar, sprachen jeden persönlich an, boten ihm Orientierungshilfen und warfen ihn doch nur noch mehr auf sich selbst zurück. In der Ideologie des modernen Industriestaates erwuchs dieses Auf-Sich-Selbst-Zurückgezogensein schnell zur existentialistischen Freiheit des modernen Menschen – eine Freiheit, wie wir heute wissen, für das Konsumieren und gegen die Mitverantwortung. Schuld an den krisenhaften Symptomen einer solchen Welt empfand nicht der einzelne, er delegierte sie an eine zuständige Instanz.

Der Mensch der Gegenwart ist kein In-dividuum, kein a-tomos, kein Unteilbares. Er ist zugleich Teil mehrerer gesellschaftlicher sowie sozialer Gruppen und Systeme, die ihn mit unterschiedlichen, oft widersprüchlichen Rollenerwartungen und Wertmaßstäben konfrontieren. Der Mensch der Gegenwart ist der Plural seiner selbst. Im schlimmsten Falle wird er zur personifizierten Schizophrenie. Hin- und hergerissen zwischen Beruf, Familie und Freizeitwelt legt er sich verschiedene Masken zu, hinter denen ein Ich nicht mehr hervorzublicken vermag. Das Tragen von Masken wird zu seinem eigentlichen Wesen. Auf der Ebene solcher Verselbständigung von Entfremdung kann ein Änderungsimpetus, kann Aufbegehren sich nur entwickeln, wenn die Masken wieder durchschaut werden. *Ich* muß *mich* überall wiederfinden, in *allem*, was ich tue, erst dann kann ich auf Distanz zu einer von mir übernommenen Rolle gehen. Dieser Findungsprozeß, der kollektive Einbindung notwendig voraussetzt, ist Bedingung für das Erstarken des Individuums, für das Wirklichwerden des Satzes von Protagoras, daß der Mensch das Maß aller Dinge ist, daß er im Zentrum der Schöpfung steht.

Das Erstarken der Person, das Plädoyer für ein Menschbleiben und für das Um-den-Menschen-Kämpfen ist keine Glorifizierung des Individualismus oder gar des individualistischen, gesellschaftsfreien Anarchismus, wie ihn in seiner reinsten Form wohl Max Stirner vertreten hat. Es ist vielmehr eine Parteinahme für die Gesellschaft als Gesellschaft von freien Individuen. Der Vordenker des liberalen Radikalismus, John Stuart Mill (1806–1873), hat dies im ersten Kapitel seines Hauptwerks »On Liberty« (1859) so formuliert: der angemessene Umkreis menschlicher Freiheit »schließt erstens den inwendigen Bereich ein, und er fordert Gewissensfreiheit im umfassendsten Sinn, Freiheit des Denkens und Fühlens, absolute Freiheit der Meinung und Gesinnung hinsichtlich aller Gegenstände, handele es sich um faktische oder spekulative, wissenschaftliche, moralische oder theologische. [...] Zweitenes erfordert dieses Prinzip die Freiheit, seinem Geschmack und seinen Beschäftigungen nachzugehen, daß man sein Leben seinem eigenen Charakter gemäß gestaltet, daß man tut, was einem beliebt, wobei man den Konsequenzen unterworfen ist, die sich daraus ergeben mögen, ungehindert von unseren Nächsten, solange man sie nicht beeinträchtigt, auch wenn sie unser Verhalten als närrisch, abwegig oder falsch einschätzen.«

Im ökonomischen Liberalismus verkehrte sich diese Freiheit des einzelnen bekanntermaßen schnell zur Freiheit des Kapitals; die liberale Toleranz galt nur im anonymen großstädtischen Rahmen als lebbar. Ein solcher Verlauf der politisch-gesellschaftlichen Entwicklung hat sich, von heute aus betrachtet, zweifellos als ein Weg in die Sackgasse erwiesen, was allerdings an der Richtigkeit der Millschen Analyse nichts ändert.

Der Staat, das ist nach Mill der Bürger selbst. Durch den Bürger allein lassen sich Pluralismus, Toleranz und die von uns entwickelten ethischen Kriterien zu Werten des Staats erheben. Das setzt allerdings zunächst einige institutionalisierte Bürgerrechte voraus: Offenheit für Initiativen von unten, für Volksentscheide und Referenden; ein Recht auf Sezession, auf politische Unabhängigkeit geographisch definierter Gemeinschaften im föderalen Rahmen[16]; und vor allem den Ausschluß von irreversiblen Entscheidungen durch Mehrheiten, die sich immer wieder ändern können.

Bevor sich an den erstarrten Herrschaftsritualen etwas ändert, muß der einzelne aktiv werden. Der demokratische Staatsbürger muß einsehen, daß Mißtrauen in den Staat Voraussetzung für jede Demokratie ist. Denn der Staat kann bekanntlich irren, und nicht selten schreibt er den Irrtum in gesetzlichem Handeln fest.

Politiker eines Staates, dem das Mißtrauen seiner Bürger in Einzelaktionen, als Lebensgruppenbildung und als Gruppenvernetzung gegenübertritt, können ihre Herrschaft nicht ausweiten, ja, sie müssen ihre Durchlöcherung hinnehmen. Sie werden mehr und mehr ihren Legitimitätsverlust spüren und die Unmöglichkeit, ihr Tun als »Im Namen von« auszugeben. Die Wirkung des von vielen einzelnen Menschen getragenen Sozialprotests, der alltägliche zivile, auch kleine Mut kann Herrschaft porös machen. Jeder Mensch, der selbst tätig wird und seine Stimme erhebt, stört zwangsläufig die große Maschinerie.

Jedes Strickmuster jeder Macht hat seine Lücken, das des Industrialismus und des industriellen Staats hat sie in besonderer Weise. Aus diesen Lücken kann eine Gegenmacht erwachsen, die auf der Unsicherheit der Großapparate beruht und die aus dieser Unsicherheit die Kraft zur Neuerung zieht. Wer selbst nicht bereit oder in der Lage ist, an der Entflechtung des Machtnetzwerkes mitzuwirken, kann trotzdem Unterstützungsarbeit leisten, indem er das Outsidertum fördert, zumindest aber gewähren läßt, also zu einem Klima der Toleranz beiträgt, in dem allein das Neue sich entfalten kann, ohne sogleich niedergetreten zu werden.

Es ist keine Frage, daß viele, wenn nicht die meisten Menschen der Megamaschine wohl auch in Zukunft die Treue halten werden – durch Nichtstun und durch Verdrängen. Die Forderung nach einem zunächst erforderlichen »gesamtgesellschaftlichen Bürgerdialog«, wie sie immer wieder von Kritikern der industriellen Fehlentwicklungen formuliert wurde und wird, entbehrt jeglicher realistischer Einschätzung. Ihr einziger Effekt ist der Placebo-Effekt. Es tut sich zwar gar nichts, aber man ist zunächst beruhigt. Vergleichbares gilt für das Hoffen auf die Solidarität und Durchschlagskraft großer Massenbewegungen, gar noch in parteipolitischer Form. Massenorganisationen sind schnell im Aufsaugen und Vereinnahmen, aber sie pflegen als Verletzer der kritischen Größe keine Nischen und zarten Pflänzchen. Sie sind kein Hort für Experimente mit einer anderen Zukunft, kein Quell von Vielfalt in der Kleinheit.

In der Geschichte sind Selbstbewußtsein, Individualität und eigenverantwortliches Handeln oft mit Ego-Zentrismus gleichgesetzt worden; das persönliche Interesse rangierte vor Ethik, vor Werten und vor der Moralität. Das allerdings ist hier nicht gemeint, und insofern unterscheiden wir uns von so mancher Emanzipationsliteratur, aus der altruistische Moralität, aus der Güte, Hilfsbereitschaft und Treue nicht selten eliminiert sind bzw. nur erhabener Spott bleibt. »Die Ordensschwester«, schreibt Rolf Peter Sieferle, »die ihr Leben der Pflege von Kranken opfert, ohne auf adäquate Zahlung zu drängen, sondern dies als Dienst am Nächsten begreift, ist ein Sozialcharakter, der das gewerkschaftlich aufgeklärte Bewußtsein erschauern läßt. Für die Frauenbewegung hat diese Frau nie gelebt, sie ist einfach nur eine Betrogene, der die Augen geöffnet werden müssen.«[17]

In unsere Lebensgruppen- und Gemeindeutopie ist das Erstarken des Individuums in der Gruppe und durch die Gruppe der Ausgangs- und Zielpunkt. Das bedeutet im Regelfall eine selbstverständliche Rückbindung der Individualinteressen an die Gruppeninteressen und eine Unterordnung unter die Erfordernisse des Ökosystems. Überleben heißt Umwelt-Einbindung. Das ausschließlich auf den Einzel-Organismus bezogene Überlebensinteresse führt zur Zerstörung der natürlichen und sozialen Umwelt und damit auch von sich selbst.

In Anknüpfung an Nathans »Kein Mensch muß müssen« schreibt Friedrich von Schiller in seiner Abhandlung »Über das Erhabene«: »Alle anderen Dinge müssen: Der Mensch ist das Wesen, welches will. Eben deswegen ist des Menschen nichts so unwürdig, als Gewalt zu erleiden, denn Gewalt hebt ihn auf. Wer sie uns anthut, macht uns nichts Geringeres als die Menschheit streitig; wer sie feiger Weise erleidet, wirft seine Menschheit hinweg.«[18]

Lebensangst und mit erstarrter Seele auf das Unheil warten: beides zerstört jede Perspektive. Schon das Erdulden eines kleinen Übels kann zu viel sein, denn das kleine wird schnell zum großen Übel. Selbstmitleid und Lamentieren sind die schlechtesten Weggefährten. Falsch ist es auch, aus der Depression heraus zu agieren; das Scheitern wäre vorgezeichnet. An die Stelle des »Es ist doch alles vergebens« gehört das »Ja, es hat Sinn« – auch wenn ein kurzfristiger Erfolg nicht zu sehen ist. Wenn Erfolg der einzige Anstoß zum Handeln ist, dann ist es schon zu spät, ist allerdings alles vergebens. Wir müssen lernen, Ungerechtigkeit und Willkür sofort und mit Entschlossenheit zu bekämpfen, bevor sie sich, wie Elie Wiesel sagt, »in unserer Bequemlichkeit und unserer Angst einnisten«.[19]

Gefordert ist die Bereitschaft zu kämpfen, zur Zivilcourage als Lebenshaltung. Zivilcourage beginnt im Kleinen und kann im Kleinen geübt werden, und es ist ja nicht so, als gebe es keine Vorbilder in der jüngsten Zeit. Die vielen Menschen, die vielleicht zunächst allein, dann in Gruppen und schließlich in einer Bewegung dem Atomtod und der Atommafia den Kampf angesagt haben, sind vielleicht das beste Beispiel. Sie haben ihren Kampf begonnen, als es noch nicht selbstverständlich war, gegen Atomkraftwerke auf die Straße zu gehen, Unterschriften zu sammeln, Elektrizitätsgesellschaften zu boykottieren. Und obwohl die Reaktoren noch stehen und die Umwelt weiter verseuchen, hat diese Bewegung etwas bewirkt. Sie hat die Atomlobby in Wirtschaft, Politik und Publizistik in die Defensive gedrängt. Was aus deren Kreisen heute zu hören ist, ist Verteidigungsgerede, ist Rückzugsargumentation. Von der narkotisierenden »Neutralität« unserer Medien sollten wir uns dabei nicht blenden lassen.

Zivilcourage als die einfache Form des Muts beginnt im Nein-Sagen. Das wird die Mehrheit der Deutschen, seit langem zum Gehorsam gegenüber der »Obrigkeit« erzogen, vielleicht nie einsehen. Doch mit wachsender Bedrohung durch die Überlebenskrise bestimmt der Mensch sich mehr und mehr als Homo Negans, als Neinsagenkönner im Sinne von Erich Fromm[20], also durch das, was er zuerst negiert und dann verweigert. Unter dem Vorzeichen der Verantwortungsethik wird heute das Nein-Sagen zur Pflicht, die begrenzte Regelverletzung zur ethischen Norm. Nicht nein zu sagen ist Mittäterschaft. Keine Frage, der geistige Raum für die auf Reflexion sich stützende Verneinung muß gesellschaftlich erst hergestellt werden; insofern hat sich, seit Herbert Marcuse diese Forderung Mitte der 60er Jahre aufstellte, nichts geändert.[21] An vielen Punkten bestehen aber heute Anknüpfungsmöglichkeiten. Die sogenannten Bewegungen – von der Atom- über die Friedens- bis zur Frauenbewegung – haben dabei Entscheidendes geleistet.

Nein zu sagen schwächt nicht den Pluralismus. Es macht ihn sogar erst möglich. Wer nein sagt, negiert zwar die Brutalität der herrschaftlich geschaffenen Fakten, eröffnet aber anderen den Weg. Wo das Nein-Sagen fehlt, herrscht

Gleichschaltung. Wo das Nein-Sagen aber allerseits respektierter Teil einer pluralistischen Diskussionskultur ist, schließt es Toleranz als Grundlage eines jeden Pluralismus nicht aus; was ich für mich nicht gelten lasse, gestehe ich dem anderen durchaus zu.

Wir beschäftigen uns hier allerdings nicht mit dem Pluralismus und der Toleranz an sich, sondern unter den Bedingungen einer apokalyptischen Bedrohung für alle. Und da gilt es, Einschränkungen aufzuzeigen. Denn die Menschheit konnte nur an den Rand des Abgrunds gedrängt werden, weil sich die im Dienste nahezu jeder Herrschaft stehende Intoleranz gegenüber der Vielheit und Vielfalt des Lebens und Wachsens gewaltsam durchzusetzen verstand. Für Toleranz gegenüber dieser Intoleranz haben wir nicht mehr den Willen, von der Zeit ganz zu schweigen. Es kann auch kein Platz mehr für jene Toleranz sein, die Herbert Marcuse als repressive Toleranz so beschrieben hat: »Toleranz wird auf politische Maßnahmen, Bedingungen und Verhaltensweisen ausgedehnt, die nicht toleriert werden sollten, weil sie die Chancen, ein Dasein ohne Furcht und Elend herbeizuführen, behindern, wo nicht zerstören. Diese Art von Toleranz stärkt die Tyrannei der Mehrheit, gegen welche die wirklichen Liberalen aufbegehrten. Der politische Ort der Toleranz hat sich geändert: Während sie mehr oder weniger stillschweigend und verfassungsmäßig der Opposition entzogen wird, wird sie hinsichtlich der etablierten Politik zum Zwangsverhalten. Toleranz wird von einem aktiven in einen passiven Zustand überführt, von der Praxis in eine Nicht-Praxis: ins laissez-faire der verfassungsmäßigen Behörden.«[22]

Toleranz gegenüber dem Destruktiven und Lebensbedrohenden ist keine Tugend. Das passende Wort hierfür ist Feigheit, im harmlosesten Fall Dummheit.

Die neue Gesellschaft vorzuleben, erschöpft sich nicht in Zivilcourage, Nein-Sagen und Wehrhaftigkeit gegenüber repressiver Toleranz. Zur Abwehr kommt das konstruktive Gestalten des eigenen Lebens hinzu. In einer Zeit, in der offizielle Politik auf nahezu allen Ebenen den Großteil ihrer Glaubwürdigkeit verloren hat, in der es selbstverständlich geworden ist, Sachaussagen der Repräsentanten des Systems nicht ohne Mißtrauen hinzunehmen: in einer solchen Zeit kann eine neue Ethik und neues Handeln nur auf dem Boden von Aufrichtigkeit und Wahrhaftigkeit keimen. Vertrauen in andere und in uns selbst brauchen die wortgetreue Wahrhaftigkeit auch in der kleinsten Mitteilung. Mit dem Nicht-so-ganz-genau-Nehmen im Alltag wächst eine negative Kraft, die in den entscheidenden Lebens- und Überlebensfragen kaum noch zu bremsen ist.[23]

Die wohl verbreitetste Lebenslüge in der industriellen Zivilisation formuliert die Identität von gutem Leben und hohem Lebensstandard. Diese so erfolgreiche Lüge hat aus ganzen Gesellschaften Sklaven des Konsums und des Kapitals gemacht. Wir scheren uns nicht um das Überleben in der Dritten und Vierten Welt, nicht um den Erhalt der verbliebenen Natur; Hauptsache, es gibt jeden Tag Fleisch, und das Wasser ist immer warm und das Auto noch ein bißchen schneller als das des Nachbarn und der Drittfernseher jetzt auch in Farbe und mit Fernbedienung.

Kleinheit im Sinne von Augenmaß, ein wenig mehr Askese statt des ungezügelten Hedonismus – das wird schon nötig sein, wenn wir es ernst meinen mit der Vorbereitung auf eine andere als die vorprogrammierte Zukunft. Die Begrenzungsethik als Verzichtsethik setzt sich nur dann durch, wenn sie der einzelne in der alltäglichen Lebenspraxis übt. Es wird eine fundamentale kulturelle Umorientierung und Herausforderung sein, wenn die nichtmaterielle, die symbolische Gratifikation als zumindest gleich erstrebenswert wie die materielle Bedürfnisbefriedigung gelten soll. Erich Fromm hat zu den Welten, die zwischen Sein und Haben liegen, gesagt, was zu sagen ist.[24]

Viele Konsumgüter haben die Eigenschaft, das Leben vordergründig zu entlasten. Sie nehmen uns körperliche Arbeit ab, erleichtern die Alltagsverrichtung. Sie entlasten aber damit partiell immer auch von uns selbst. Wir finden uns in der alltäglichen Lebensgestaltung als mit unserem Körper gestaltende Individuen nicht wieder. Die geleistete Arbeit ist nicht unsere Arbeit, das Schöpferische liegt nicht mehr auch im Selbstverständlichen und Profanen, sondern muß künstlich gesucht werden. Das soll kein Plädoyer für die Abschaffung der Waschmaschine oder der Zentralheizung sein. Es ist vielmehr ein Appell, nicht jeder Versuchung auf Apparatisierung von Tätigkeiten nachzugeben, sondern auch die körperliche Belastung zu suchen. Die auf Technik gerichtete Verzichtsethik erfährt in der Suche des Körperlichen ihre bejahende Seite. »Körperliche, seelische, geistige Muskeln, die nicht mehr trainiert sind, schlaffen vollkommen ab«, heißt es bei Wolf-Dieter Narr. »Der soziale Muskelschwund der heutigen Gesellschaft bedroht ihre gesellschaftliche Qualität als solche.«[25]

Das Unmäßige des Konsums, die Delegation von Arbeit und Verantwortung an die Technik hängen zusammen mit einem pathologischen Sicherheitsbedürfnis. Es wurzelt in der Angst. Sicherheit ist nicht ichbezogen oder kollektiv verankert, sie wurzelt nicht in Selbst-Vertrauen und in der Selbst-Sicherheit, sondern in der Anhäufung von Dingen und Lebens-Mitteln und in der technischen Kontrolle aller denkbaren Vorgänge und Prozesse. Die vollgestopften Waffenarsenale, elektronische Frühwarnsysteme, eine geradezu schwachsinnige Lebensmittel- und Energie-Überversorgung und die aus allen Nähten platzenden Tiefkühltruhen verbindet dieselbe Mentalität. Nur Besitz schafft Sicherheit. Diese Sicherheit ist – wie die automatisierte Alltagsarbeit – entleiblicht, verdinglicht und immer nur so widerstandsfähig und haltbar wie die Dinge selbst. Deren Haltbarkeit muß deshalb garantiert sein. Ohne Garantieschein für den Hosenträger und ohne Lebensversicherung geht es nun mal nicht. Schließlich lauern Gefahren überall.

Das aus den Fugen geratene Sicherheitsbedürfnis der industriellen Zivilisation raubt dem Leben, was Leben ist. Im Strampeln nach immer mehr Sicherheit ist für das, *wofür* man sich versichert, kein Platz mehr. Erst in der Stunde des Todes geht vielleicht auf, wie sinnlos dieses Treiben ist bzw. war.[26]

Der gefährlichste Konformismus unserer Zeit ist der Konformismus des Nicht-Denkens und Nicht-Fühlens. Manchmal hat es den Anschein, daß er sich schnell wie ein Virus ausbreitet und die befallenen Menschen sich sogar noch wohl fühlen dabei. Das Nicht-Denken ist kein Privileg der schlecht Ausgebildeten. Der Virus grassiert überall, hat Wissenschaftler und Bundeskanzler nicht unberührt gelassen. Das Nicht-Denken hat vielfache Wirkung: vor allem blockiert es Realitätssinn, fördert massive Hinnahmebereitschaft und eliminiert die Einsicht in unsere Lernfähigkeit. Die vom Nicht-Denken erzeugte Nebelwand vor unserem Bewußt-Sein und vor der Bewußtwerdung der Einflüsse unserer Konditionierung müssen wir durchstoßen, wenn die Impulse zum Handeln aus uns selbst kommen sollen, Teil von uns selbst sind, gewachsen mit uns.

Die als Überlebenskrise bezeichnete Problemverflechtung und Problemeskalation ruft nach ganzheitlichem und vernetztem Denken. Es geht nicht mehr um Stückwerk und Stückwerkphilosophie Popperscher Qualität, sondern um das Ganze: als Erkennen, in Verbindung mit der Analyse und dem Weiterdenken; als Verschmelzung von Vergangenheit, Gegenwart und Zukunft; als Einheit von sachlicher, zeitlicher, räumlicher, sozialer und emotionaler Dimension.

Das Denken der Moderne setzte dem Bewußtsein Schranken. Es zerriß und parzellierte. Das geforderte Denken für die Zukunft integriert, fügt zusammen, ist mehrwertig. Es pulsiert und erstarrt nicht in linearen Fortschreibungen. Es sieht in rationaler Analyse und integrativer Intuition keinen Widerspruch, sondern nur die verschiedenen Seiten desselben Geistes.

Kraft und Möglichkeit zum ganzheitlichen Denken waren schon immer im Menschen vorhanden. Insofern erfordert das neue Denken keine neuen Menschen, sondern nur Arbeit, um das Verschüttete und vielleicht nie ganz frei Gewesene sichtbar zu machen und wirken zu lassen. Genau wie die Atomtechnik, das Wettrüsten, die Überproduktion, die elektronische Vernetzung sind das Maschinendenken, die binäre Vernagelung unserer Hirne kein Sachzwang, sondern tragen ihre Überwindung und Aufhebung in sich. Die menschliche Energie und Phantasie, die so unglaubliche Destruktivkräfte freigesetzt hat, ist auch in der Lage, zurückzunehmen und neue Wege zu suchen. Das Bemühen um ganzheitliches und vernetztes Denken führt zu einer Stärkung, zu der Revitalisierung unserer Innenwelt[27], und das ist Impulsgebung auch für die Sinne. Vielleicht entsteht so, durch die Sensibilisierung der Wahrnehmungsweisen, die notwendige Alltagsphantasie, die allein die Vielfalt von Lebensalternativen erschließen kann. Vielleicht rückt so auch die Empathie, das Mitfühlen für alles Leben an die Stelle der Apathie.

Widerstand kommt aus der Wut, wächst aus der Einsicht, stammt aber auch aus dem Herzen. Das neue Denken, das so neu nicht ist, fordert einen neuen Seelentypus. Es will Franz von Assisi statt Doktor Faustus.

Widerstand ist nötig –
Widerstand ist möglich

Die Überlebenskrise pulverisiert die traditionellen innen- und außenpolitischen Demarkationslinien. Wer trotzdem weiter an ihnen festhält bzw. an sie glaubt, versperrt sich und anderen den Blick auf die sich lautlos ausbreitende Bedrohung. Das Festhalten an politischen Klischees macht vergessen, daß jeder einzelne Bürger die gegenwärtige Entwicklung mitbezahlt: die Militarisierung mit seinen Steuern, die Atomtechnik mit dem Strompreis, die Computernetze mit den Telefongebühren und auch die Genversuche mit Steuern oder als Konsument der chemisch-pharmazeutischen Industrie. Und das Festhalten macht vergessen, daß jeder einzelne diese Entwicklung mitzuverantworten hat – auch durch seine Stimme bei Wahlen. Denn statt Wahltage zu Abstimmungstagen über die Kernenergie, die Rüstungspolitik, den Erhalt der Umwelt zu machen, entscheidet sich der Großteil der Bürger lieber für die unverbindlichen Angebote einer der etablierten Parteien.

Zweifellos will niemand dem Bürger das Recht nehmen, frei zu entscheiden, welcher Form des Selbstmords er den Vorzug gibt; es kann uns aber auch niemand das Recht nehmen, einen anderen Weg zu gehen. Dieser Weg heißt Widerstand.

Widerstand setzt die Verantwortungsethik als Präventiv-, Begrenzungs- und Verzichtsethik um in konkrete Handlungsschritte. Widerstand heißt zunächst, das Schlimmste zu verhindern, den Schaden zu begrenzen, das Räderwerk der Zerstörung zu blockieren. Die Blockade des Alten geht dem Errichten des Neuen voraus. Genau wie das allgemeine Fortschrittsversprechen ist auch der Satz eine Lüge, daß technischer Fortschritt nicht aufzuhalten sei.

Die Handlungsmöglichkeiten, die uns zur Verfügung stehen, sind vielfältig. Sie reichen von der symbolhaften

Handlung, die nicht bis zu den Strukturen durchdringt, aber wohl zu dem Gewissen sensibler Menschen, bis zum zivilen Ungehorsam und Störaktionen in ihrer ganzen Bandbreite.

Überraschung schlägt die Überwachung. Kein Apparat kann sich auf Dauer halten, wenn Gehorsam als der Kitt von Herrschaft brüchig wird. Widerstand allerdings darf nicht »dreckig« sein. Er darf sich nicht der Methoden bedienen, die wir bei den großen Apparaten verurteilen.

Auch wer sich Handlungen zivilen Ungehorsams selbst nicht zumuten will, kann andere Menschen unterstützen, ihnen Mut zusprechen und Zuflucht gewähren. Denn sicher ist, daß die Kontrollen zunehmen werden, daß die staatliche Repression in allen Bereichen wächst. Und sicher ist, daß das Schwimmen gegen den Strom nicht nur befreiend wirkt, sondern auch mit Sorgen und Ängsten konfrontiert, die bis zur Sorge um die materielle Existenz reichen können.

- Für eine menschenwürdige Zukunft brauchen wir den Ideenreichtum und die Unterstützung einer neuen Wissenschaft.
- Bevor der einzelne Handlungsnotwendigkeiten erkennt, muß er angemessen und genau informiert sein.
- Widerstand wächst nur aus einem freien Geist. Die Stärkung von Kultur und Kunst im Alltag ist dafür eine Voraussetzung.
- Soll der kleine Widerstand zu großen Veränderungen führen, muß er bei den alltäglichen Lebensgewohnheiten und in der Berufswelt, bei den Arbeitsinhalten und Arbeitsbedingungen beginnen.

Auf Widerstandsmöglichkeiten in diesen Bereichen werden wir uns deshalb konzentrieren. Bevor wir damit beginnen, möchte ich allerdings folgendes betonen.

Das Sich-Konzentrieren auf den Widerstand im kleinen

ist keine generelle Absage an politisches Handeln in den traditionellen Organisationen. Niemand soll davon abgehalten werden, für seine Ziele auch in einer Partei, in der Gewerkschaft, einem Interessenverband und in religiösen Gemeinschaften zu kämpfen. Das eine zu tun schließt das andere nicht aus.

Es geht mir im selben Sinne auch nicht darum, das ernsthafte Bemühen vieler Kolleginnen und Kollegen um sozialverträgliche Gestaltung von Technik und Technikeinsatz geringzuschätzen. Ich fürchte nur, diese Haltung kommt zu spät, schließt die erforderliche radikale Umkehr aus und narkotisiert im Vertrauen auf die Organisation und auf Programme den individuellen Kampfeswillen.

1 Wissenschaftssturm – oder die Kunst des Überblicks

Es ist eine verantwortungslose, sich keiner moralischen Grenzen mehr bewußte Wissenschaft, die so erheblichen Anteil an unserer Situation hat. Im ersten Kapitel hatten wir diese Wissenschaft als patriarchalische beschrieben: sie hat die patriarchalische Gesellschaftsstruktur auf die Modelle der Physik übertragen und die Natur mit Hilfe ihrer Ingenieure im Experiment diesen Modellen angepaßt. Ihr Antrieb ist die Grenzüberwindung um jeden Preis, ist Zertrümmerung und damit Beherrschung. Leben ist für sie organische Verfügungs- und Spielmasse. Oppenheimer und Teller waren und sind nicht nur Namen in einem grauenvollen Spiel, sie stehen auch für weit verbreitete naturwissenschaftliche Wesenszüge.

Wo Wissenschaft ohne Gewissen Wissen schafft, da verkehren sich – gerade unter dem Vorzeichen ihrer Industrialisierung und Apparatisierung – die ursprünglich oft ganz anderen Handlungsziele (Fortschritt im positiven Sinne) in ihr Gegenteil. Es entsteht eine personifizierte Schizophrenie: der »wertfrei« nach Erkenntnissen suchende Wissenschaftler mit seiner Kehrseite, der industriellen Verwertung von Forschungsergebnissen. Die Drittmittelforschung hat in dieser Richtung Erhebliches bewirkt. Sie ist wichtig für die (oft industriellen) Auftraggeber, sie bindet die nach Lehre und Verwaltungsarbeiten verbleibende Restzeit, verhindert also Reflexion über die eigene Tätigkeit und fordert über materielle Anreize die Nachfrage nach sich selbst. Dabei wird es schnell egal, ob gemeinnützige Organisationen oder Atomunternehmen Forschungsaufträge bezahlen – und das nicht nur in den Naturwissenschaften.

Ich arbeite an einer Universität, die mit der systematischen Verhöhnung auf Verantwortung basierender *wissenschaftlicher* Autonomie besonders gerne kokettiert. Mitten auf dem Universitätsgelände entstehen private Unternehmen, arbeiten Hochschulinstitute mit Computerfirmen Hand in Hand, und bis in die Spitze des Wissenschaftsministeriums strahlt man/frau vor Stolz. Gleichzeitig werden die Sozial- und Geisteswissenschaften systematisch abgebaut. Naturwissenschaftliche Labore in Fabrikhallengröße sprießen aus dem Boden; eine Kapelle oder nur einen Meditationsraum gibt es auf dem gesamten Universitätsgelände nicht.

Der große Teil der Universitäten produziert heute Fachidioten. Utopien sind verloren, das wilde Denken ausgeräuchert oder in kleine Nischen verdrängt. Die Universitäten werden zunehmend unpolitischer, drehen selbst an der Schraube der Entdemokratisierung und damit ihrer eigenen Entmündigung. Sie sind auf dem Weg, in nahezu jeder Beziehung hinter die schon längst vergessen geglaubte Ordinarienuniversität zurückzufallen.

Thomas S. Kuhn hat es analysiert, Paul Feyerabend gemeint und Robert Jungk beschworen, daß die korrumpierten Orthodoxen in der Scientific Community an den von ihnen selbst mitproduzierten Widersprüchen scheitern müssen, früher oder später. Es sieht gegenwärtig nach dem Später aus. Die orthodoxe Reaktion erlebt eine gewaltige Renaissance. Die Wissenschaft wird forciert selbst zum Problem; ihr Widerstandsgeist ist erloschen.

1973 formulierte das Bundesverfassungsgericht das Prinzip Verantwortung für die Wissenschaft. Die gesellschaftlichen Folgen wissenschaftlicher Erkenntnisse seien mitzubedenken: »Ziel und Zweck dieser Verpflichtung ist es, die Wissenschaftler an ihre Verantwortung gegenüber der Allgemeinheit zu erinnern und die Allgemeinheit vor gefährlichen Auswirkungen der Wissenschaft zu schützen.«[1]

In diesem Satz stecken eine Menge Schlußfolgerungen. Zunächst einmal wird der Wissenschaft eindeutig eine auch politische Funktion zugeordnet. Dem Mißbrauch von wissenschaftlichen Ergebnissen hat das Wissenschaftssystem selbst Schranken vorzusetzen. Gefährliche Auswirkungen sind zu verhindern ... Also müssen von der Wissenschaft Verträglichkeitsnachweise für ihre Entwicklungen gefordert werden, und bei verbleibender Unsicherheit muß Abwarten statt Handeln oberste Maxime sein. Bezogen auf die vorherrschende Praxis von Wissenschafts-Anwendungen ist eine solche Forderung schon ungeheuerlich genug. Und trotzdem verbleibt sie in der Defensive, läßt sie für alles Tun den Auftrag zur Mitwirkung an einer emanzipativen, friedlichen und ökologischen Gestaltung von Welt unausgesprochen.

Oskar Negt sieht für ein solchermaßen verantwortetes Handeln den Auftrag von Sozialwissenschaft als Möglichkeitswissenschaft. Sie steht zwischen zwei Polen: »Zum einen [dem, der] in der Wirklichkeit auf eine bessere Möglichkeit angelegt ist, was an utopischen Motivationen der Menschen auf eine gerechtere und befriedigendere Ordnung der Verhältnisse hinarbeitet, aber noch der öffentlichen Kenntnis und Anerkennung entzogen ist; zum anderen [dem, der] in der Wirklichkeit auf eine *schlechtere* Möglichkeit angelegt ist, was geeignet ist, die Befreiungshoffnungen der Menschen immer wieder zu durchkreuzen und dort, wo sich autonome Gebiete der Selbstorganisation gebildet haben, mit Gewalteingriffen wieder ›Ordnung‹ zu schaffen.«[2]

Möglichkeitswissenschaft in der praktischen Umsetzung: das heißt unorthodoxe Vorgehensweisen, die Aufgabe erstarrter Rituale und prinzipielle Förderung von Außenseitern. Möglichkeitswissenschaft, die die Bedürfnisse der Menschen ernst nimmt, bezieht jedes Wissen, das nicht durch professionelle Erkenntnisroutine eingeengt ist, dankbar in ihre Untersuchungen ein. Sie sucht das Wissen, das aus Lebens- und Lebensweltzusammenhängen, aus der gesellschaftlichen Praxis stammt. Denn dieses Wissen ist leichter wieder an die Praxis zurückzubinden, wenn es um die Verwirklichung von Konzeptionen und Ideen geht.

Im dritten Kapitel war die Rede davon, daß die Minimierung technischer Risiken, daß der Verzicht oder zumindest das Offenhalten alternativer Optionen die Buntheit und Vielfalt der wissenschaftlich-technischen Entwicklung voraussetzt. Wer heute Vielfalt will, um der Zukunft eine Alternative zu lassen, der muß die Dissidenten fördern. Das Überleben garantieren nicht die Experten, eher im Gegenteil. Zum Überleben brauchen wir die Gegenexperten. Nur auf die wissenschaftlichen Dissidenten und Gegenexperten ist Verlaß, wenn es um die bedrohlichen Dimensionen des wissenschaftlich-technischen

Fortschritts geht. Nur sie sind verantwortlich genug, die Skepsis zu schüren, bevor sich der amtlich geförderte Glaube an das Positive einer Neuerung in den Gehirnen festsetzt.

Das Dissidententum allerdings bedarf der Organisierung, bedarf des Zusammenschlusses in Netzwerken der Kommunikation über Gegeninformationen aus allen wissenschaftlichen Bereichen. Diese Netzwerke werden Frühwarnsystem und zugleich praktische Voraussetzung für situationsbezogenes vernetztes Denken sein. Sicherlich gibt es bereits einige davon. Aber wir müssen ihren Aufbau intensivieren, auf nicht-technische Weise, jenseits von Mailbox und Datenbank, z. B. als kleine informelle Tagungen, private Colloquien, Info-Dienste. Das Los von Dissidenten sind Verleugnungen, sind Marginalisierungen, Diskriminierungen, Ächtungen; Netzwerke federn diese Belastungen ab, machen die Haut etwas dicker, sind praktizierte Solidarität. Und die ist nötig, weil es nötig ist, zu der Kritik zu stehen, die man formuliert, sie zu verteidigen und sie durch glaubwürdiges Verhalten zu unterstützen. Mehrere kleine Netzwerke können sich zusammenschließen zu Vereinigungen freier Forscher, zu wissenschaftlichen »Gesellschaften«, deren Mitglieder die Beteiligung an der etablierten Auftrags- und Großforschung ablehnen, die sich der alltäglichen Wissenschaftsprostitution verweigern.

»Die Umwelt-Bewegung ahnt gar nicht, wieviel sie diesen heimlichen Helfern verdankt. Fast alles, was wir über die Mißachtung notwendiger Sicherheitsvorschriften erfahren haben, kommt aus solchen Quellen«: dieser Satz eines schwedischen Wissenschaftsjournalisten, von Robert Jungk wiedergegeben[3], weist auf eine besondere Form des wissenschaftlichen Dissidententums hin, das »whistleblowing«, das Verraten von Informationen, ohne sich selbst zum Verrat zu bekennen. Widerstand im geheimen könnte man auch dazu sagen.[4] Aus den vor der Öffentlichkeit hermetisch abgeriegelten Destruktiv-Labors der Forschung wird still und heimlich die Information darüber weitergegeben, was zu einem unkalkulierbaren Risiko für Mensch und Natur werden könnte.

Die heimlichen Warner sind keine Spione im herkömmlichen Sinn. Sie werden nicht gekauft, dienen keiner fremden Macht, sondern nur ihrem Gewissen. Sie riskieren viel, ihr Mut kann sie die berufliche Existenz kosten. »Whistleblowers« verdienen unser aller Hochachtung, denn was sie riskieren, riskieren sie für uns. Nicht ihr »Geheimnisverrat« ist deshalb ein Problem, sondern eine Wissenschaft, Forschung und Entwicklung, die ihre Karten nicht auf den Tisch legt, die Geheimniskrämerei statt Transparenz praktiziert. »Whistleblowers« muß es überall geben, wo die Öffentlichkeit Sand in die Augen gestreut bekommt; in Forschung und Entwicklung kommt ihnen eine besondere Bedeutung zu. Das frühzeitige Wissen um spezifische Forschungsvorhaben oder bereits laufende Arbeiten an Projekten ist notwendig, wenn Katastrophentechnik als solche frühzeitig erkannt und öffentlich zur Disposition gestellt werden soll. In ganz besonderem Maße gilt dies für die biochemische und gentechnische Forschung und für all das, was – als Wissenschaft maskiert – militärischen Verwendungszusammenhängen dient.

Was nun ist vernetztes Denken? Wo kann es gelernt werden? Wer bringt es den Schülern, wer den Studierenden bei?

Vernetztes Denken, ganzheitliches Denken – das ist die Kunst des Überblicks. Es ist eine eigene Wissenschaft; der Ruf nach ihr ist auch ein Ruf nach neuen Methoden und verknüpft mit dem Losreißen von stupiden Gewohnheiten. Jede Methode, die die Einheitlichkeit des Denkens fördert, ist als wissenschaftlich falsch zu verwerfen. Sie foltert die Offenheit, die Phantasie, und unterdrückt die Vielfalt. Eine ganzheitliche Wissenschaft klammert Religion, metaphysische Vorstellungen und auch das, was wir Mentalität nennen, nicht aus. Es beeinflußt das Denken der Wissenschaftler doch sowieso. Also reizen wir es besser für unser gedankliches Weiterkommen aus, als es schamhaft mit intellektuellen Mäntelchen zu verdecken.

Vernetztes wissenschaftliches Bewußtsein und ganzheitliches Denken brauchen umfassende Erfahrung, brauchen also auch die Erfahrung der Stille, und das ist ohne meditatives Bewußtsein und meditative Erfahrung kaum vorstellbar. Der meditative Ansatz ist Einübung in das Hören, und er ist Überwindung des Spezialistentums. In der Meditation verschmelzen Erfahrung, imaginatives und intuitives Erkennen. Als Methode bestimmt sie den Erkenntnisweg und die Inhalte, die herausgefunden werden können. Meditation ist die Methode zur Entgrenzung unserer Innenwelt und der Transzendierung zu tieferen und damit höheren Bewußtseinsformen. Sie ist der Schlüssel zu dem, was unbewußt und eben deshalb verzerrend unser Sein und Bewußtsein prägt; über diesen meditativen Schlüssel zur Erkenntnis beziehen wir unsere Träume und Utopien in die Arbeit mit ein.

Die Schule der Kunst des Überblicks benötigt ein eigenes Institut. Es dient gleichzeitig der Erforschung wissenschaftlicher *und* gesellschaftlicher Alternativen. Dieses Institut – jetzt träumen wir, aber nicht ganz unrealistisch – ermöglicht:

- die Einrichtung jedweder Problem- und Ideenbänke
- das Recherchieren verschütteter wissenschaftlicher Alternativen
- die Fortsetzung abgebrochener wissenschaftlicher Ent-

wicklungen, die zum Zeitpunkt des Abbruchs als nicht lukrativ erschienen
- Forschungsmöglichkeiten für »ausgesperrte« Wissenschaftler
- Stipendien für hochbegabte Träger der Hoffnung auf eine andere Wissenschaft
- dem Ziel der Überblickswissenschaft dienende Forschungsarbeit aus allen Disziplinen mit der Chance auf Rückwirkung in die jeweilige Disziplin hinein
- die Durchführung von Aktionsforschungsprojekten
- die Beratung von Alternativprojekten
- die Beratung von aufgeschlossenen Politikern
- Anlaufstellen für »Whistleblowers«
- die Einrichtung eines Informationspools für Lebensweltgruppen und Lebensweltgruppennetzwerke.

Dieses Institut arbeitet mit den Methoden der Zukunftswerkstatt genauso wie mit denen der Geschichtswerkstatt.

2 Hippokrates im Journalismus – oder: Kritische Publizistik als gewaltfreier Widerstand

Es gibt mutigen Journalismus auch in dieser Republik, aber er ist die Ausnahme: von einer Minderheit für eine Minderheit geschrieben.

Das Alltagsgeschäft des »normalen« Journalismus ist die Anpassung. Daran hat sich kaum etwas geändert, seit August Heinrich Hoffmann von Fallersleben 1841 folgende Zeilen verfaßte:

»Wie ist doch die Zeitung interessant
Für unser liebes Vaterland!

Was haben wir heute nicht alles vernommen!
Die Fürstin ist gestern niedergekommen,
Und morgen wird der Herzog kommen,
Hier ist der König heimgekommen,
Dort ist der Kaiser durchgekommen,
Bald werden sie alle zusammenkommen –
Wie interessant! Wie interessant!
Gott segne das liebe Vaterland!

Wie ist doch die Zeitung interessant
Für unser liebes Vaterland!
Was ist uns nicht alles berichtet worden!
ein Portepee-Fähnrich ist Leutnant geworden,
Ein Oberhofprediger erhielt einen Orden,
Die Lakaien erhielten silberne Borden,
Die höchsten Herrschaften gehen nach Norden
Und zeitig ist es Frühling geworden –
Wie interessant! Wie interessant!
Gott segne das liebe Vaterland!«[5]

9. Dezember 1987, kurz nach 20.00 Uhr, Tagesschau: Eine wissenschaftliche Expertenkommission stellt im Bundesumweltministerium ein Gutachten über die Bedrohung unserer Umwelt vor. Auch der Herr Minister selbst kommt in einem Interview zu Wort. Der Schadstoffgehalt in der Muttermilch, in erster Linie der hohe Anteil von Cadmium, lasse es angemessen erscheinen, die Ernährungsgewohnheiten bei Kleinkindern zu ändern, sagt er. In anderen Worten: Mütter stellt das Stillen ein. Wohlgemerkt: das Stillen, nicht die verursachende Industrie soll eingestellt werden.

Das geht als Wahrheit aus Bonn kommentarlos über den Sender. Dem Reporter fiel nicht vor Schreck das Mikrophon aus der Hand, keine Nachfrage, wahrscheinlich nur ergebenes Nicken – so, wie wir es aus der »Bonner Runde« nach Wahlen und aus den allabendlichen Interviews zur Genüge kennen.

Gerade Journalisten arbeiten nicht im herrschaftsfreien Raum. Wir wissen das. Doch nur zu oft sind es selbstauferlegte Zwänge zur Ausgewogenheit, die den Berufsalltag bestimmen, ist es eine – zumindest teilweise – selbstverursachte demokratische Unmündigkeit, die Journalismus als vierte Gewalt im Staate blockiert.

Dieser Journalismus hat seine Techniken und Verfahren:

- Die Konstruktion von Informationen ohne sachlichen, zeitlichen und sozialen Kontext
- die Ausnutzung der Kraft des Bildes und die Text-Bild-Dokumentation
- die Beförderung des Außergewöhnlichen und Abweichenden zur Normalität
- die Präsentation von problemverharmlosenden Scheinalternativen
- die Personalisierung des Strukturellen
- die Formulierung der semantischen Lüge; sie macht aus einer Atommülldeponie einen »Entsorgungspark« und aus einem Angriffskrieg »Vorwärtsverteidigung«.

Wo Anpassung, Selbstzensur und selbstverursachte Unmündigkeit nicht mehr einwandfrei funktionieren, wo sich gar in »sensiblen« Fragen journalistischer Widerstandsgeist regt, da finden Eingriffe statt. Noch in guter Erinnerung ist der Fall »Report«, in dem Atommafia und Bundeskanzleramt nicht länger bereit waren, die kritische Berichterstattung von Franz Alt und Wolfgang Moser hinzunehmen.[6] Dabei hatte Alt über nichts Außergewöhnliches berichtet, sondern nur über die Folgen gängiger Praktiken einer kriminellen Vereinigung. Das Besondere am Fall Alt: der Christdemokrat ist ein Abweichler, kommt aus der konservativen katholischen Publizistik. Und das macht ihn für die Herrschenden zu einem Problem.

Franz Alt ist populär. Das Vorgehen gegen ihn ließ sich nicht vertuschen. Es gibt zahlreiche andere Fälle, von denen die größere Öffentlichkeit nie etwas erfuhr. Denn auch das ist gängige Manipulationstechnik unserer Medien: daß sie über Mißstände im eigenen Haus tunlichst nicht berichten.

Wenn mit Eingriffen die gewünschten Wirkungen nicht zu erzielen sind, kommt es zu Übergriffen: dann greift der Staat direkt nach den Medien. Wo ihm das Verfassungsgericht nicht hilft – wie mit dem Urteil gegen den Informantenschutz für Film- und Fotojournalisten –, schreitet das Bundeskriminalamt selbst zur Tat. In Mißachtung aller verbrieften journalistischen Schutzreche (Redaktionsgeheimnis, Zeugnisverweigerungsrecht, Informantenschutz) werden Türen eingeschlagen, Redaktionen durchwühlt, Archive beschlagnahmt, Journalisten an der Arbeit behindert.[7]

Nach entsprechenden Erfahrungen in der jüngsten Vergangenheit gilt es hinsichtlich der Übergriffe Vorsorge zu treffen. Zum eigenen Schutz und dem von Informanten ist es notwendig, sich ›dezentrale‹ Archive anzulegen. »Sensible« Namen, Informationen und Bilder etwa aus den Bereichen der Atompolitik, der Genforschung, der Umweltkriminalität oder der Rüstungspolitik gehören nicht in Redaktionsarchive oder gar in Datenbanken. Sie sind notfalls verschlüsselt und unzugänglich aufzubewahren.

Wider den journalistischen Untertanengeist

Gerade für Journalisten gilt, was Fritz Bauer im Verweis auf die düstere deutsche Geschichte so formulierte: »Normales Instrument des Widerstands sind eine unerschrokkene öffentliche Meinung, politische, soziale und kulturelle Kritik und eine wache Opposition. [...] Viel, vielleicht alles hängt davon ab, daß es gelingt, in Wort, Schrift und Tat dem falschen Gehorsam ein Ende zu bereiten, der mißverstandenen Loyalität, der politischen Abstinenz, dem Byzantinismus, dem Untertanengeist, dem Hordentrieb und einer Staatsfrömmigkeit, die unsere Geschichte beherrscht haben.«[8]

Der Journalismus gehört zu den nichtprofessionalisierten Berufen. Es gibt keine geregelte Ausbildung und kein allgemein anerkanntes Berufsbild. Viele stolpern in den Beruf, weil es einer der wenigen noch offenen Berufe ist, nicht ahnend, welche Verantwortung sie übernommen haben.

Wir benötigen den hippokratischen Eid für die Ausübung des Journalistenberufs. Er könnte folgendermaßen lauten:

»Wir sind uns bewußt, wofür unsere Vorfahren die Pressefreiheit erkämpft haben.

Entgegen allen Herrschaftsinteressen, allen Widerständen und aller Macht geloben wir den unbedingten Einsatz für die Wahrheit, die Menschenrechte und die Demokratie.

Unser Handlungsimpetus ist die Verantwortung für das Ganze.

Unser Handlungsethos ist die Wahrhaftigkeit auch im Detail.«

Wer seine berufliche Verantwortung und sein berufliches Selbstverständnis nach diesem Gelöbnis ausrichtet, für den wird es selbstverständlich sein, sich dem Unrecht öffentlich entgegenzustellen. Der wird den offiziell unterdrückten Nachrichten systematisch nachgehen, dessen Recherche beginnt jenseits der Agenturmeldungen und des amtlich Verlautbarten. Der wird die angeblichen *und* wirklichen Sachzwänge durchleuchten. Der geht der Suche nach dem Detail auch dort nach, wo eigene Bezüge und Beziehungen betroffen sein könnten. Der wird sich schließlich auch bewußt sein, daß die Wahrheit einfach zu formulieren ist, aber oft schwierig zu ertragen für andere und vor allem für sich selbst. Er wird die richtigen Worte für die entsprechenden Zusammenhänge wählen und sich nicht selbst in Euphemismen verleugnen. Er wird empfindlich sein gegenüber der semantischen Lüge.

Journalismus als Kunst des Überblicks

Kritischer Journalismus lebt gerade in Zeiten wachsender Krisen und Komplexität von der Kunst des Überblicks. Er erfordert Experten in Allgemeinbildung, mit mannigfachen Anknüpfungs- und Differenzierungsmöglichkeiten. Die Kunst des Überblicks verhilft zum Mut, den Informationsmüll zu mißachten und ganzheitliche Muster zu benennen, die hinter den tagespolitischen Singularitäten stecken. Sie setzt Offenheit, Selbstkritik und die Bereitschaft zur Gesichtspunktverschiebung voraus, um Vorgänge in der Welt und Umwelt auch aus anderen Positionen erklären zu können. Die Vernetzung mittels vernetzten Denkens erkennen und in einfachen Worten glaubhaft darüber berichten: wir benötigen diese journalistische Kompetenz in allen Medien und auf allen Ebenen, in der »großen« Politik genauso wie im Lokalen.

Neben den etablierten Medien, den Auflagengiganten und Mammutsendern gibt es eine Vielfalt kleiner publizistischer Gewächse, die unsere Aufmerksamkeit und unsere Pflege verdienen: alternative Zeitungen und Zeitschriften, freie Radios, Videogruppen. Unter Marktgesichtspunkten nicht ernst genommen, von der Staatsmacht nur zu oft verfolgt, sichern sie erst ein publizistisches

Gesamtspektrum, das den Namen pluralistisch verdient. Das bescheidene äußere Erscheinungsbild sollte nicht darüber hinwegtäuschen, daß wir gerade in diesen kleinen Medien oft auf wichtige Nachrichten und Informationen stoßen, die in den großen Apparaten unbeachtet geblieben oder der (Selbst-)Zensur zum Opfer gefallen sind. Auch haben sich die alternativen Medien die Zugangsoffenheit bewahrt. Sie sind für den Bürger überschaubar und mit Menschen identifizierbar. Für die Netzwerke der Lebensweltgruppen können sie zur Unterstützung des zwischenmenschlichen Kontakts ein genauso wichtiges informationelles Bindeglied darstellen, wie sie das heute bereits für die sozialen Bewegungen sind.

Es wäre allerdings zu kurz gegriffen, wollten wir die Verantwortung für eine kritische Publizistik ausschließlich den haupt- und nebenberuflichen Journalistinnen und Journalisten in den etablierten oder alternativen Medien aufbürden.

Eine Menge können wir auch selbst veranlassen. Gehen wir auf die in den Medien arbeitenden Menschen zu, sprechen wir sie an, geben wir ihnen Hinweise, fragen wir nach, bieten wir uns als Informanten an. Die Medien können nur dann zu Bürgermedien werden, wenn wir selbst sie als solche verstehen und behandeln.

3 Kultur und Kunst für den Widerstandsgeist

Der Siegeszug der Bildschirmwelten ist unvergleichlich. Wenige Jahrzehnte Fernsehen haben aus der Republik eine Bildschirmgesellschaft geformt.[9] Fernsehentzug hieße für einen großen Teil der Bevölkerung Sinn- *und*

Drogenentzug. Der Computer betritt einen wohlvorbereiteten Boden. Die Gewöhnung an Informationsvermittlung per Bildschirm ist vollzogen. Die Kinder der Gegenwart sind Fernsehkinder und in wachsender Zahl zugleich Computerkinder.[10] Fernsehen, Video und Computer werden die Abkehr von der Schriftkultur, vom gedruckten Wort, in den kommenden Jahren rapide beschleunigen. Zeitung und Buch werden vorerst zwar nicht sterben, aber ihre Bedeutung wird, aus dem Blickwinkel der heranwachsenden Generation betrachtet, mehr und mehr zurückgehen. Kinder, die im Vorschulalter lernen, den Bildschirm als *das* informationelle Medium zu gebrauchen, werden eine Beziehung zu Zeitung und Buch allenfalls noch als flüchtige Beziehung erleben und erfahren. Ihre Kulturtechniken werden andere, werden bildschirmzentriert sein. Es sind Kinder, die etwas mehr vordergründig erlernen als verstehen. Ihre Ausdrucksmöglichkeiten gehen zurück, denn der Bildschirm blockiert Situationskommunikation und Situationserfahrungen und damit den Erwerb und die Verfeinerung von Sprach-, Sprech- und sozialer Vermittlungsfähigkeit. Ihr Denken und Handeln wird in erheblichem Maße von den technischen Systemerfordernissen und Systemmöglichkeiten bzw. Systemgrenzen bestimmt sein; das zu Denkende paßt sich der Systemstruktur an.

Der sinkenden Bedeutung von Zeitung und Buch entspricht die sinkende Bedeutung von Geschichtsbewußtsein und Freiheit. Die elektronischen Netzwerke rauben dem Geist die Entfaltungsfreiheit und binden ihn an das Medium *und* die inhaltlichen Zugeständnisse der Computernetzwerkzentralen.

Aufstand der Schrift gegen das digitale Denken

Unsere Bildungspolitiker schreien nach Computern für die Schulen. Sie rufen nach der Computer-Literalität und beklagen den Computer-Analphabetismus. Für sie ist die industrielle Zuschneidung der lieben Kleinen noch nicht auf dem neuesten und effektivsten Stand. Sie übersehen dabei geflissentlich den realen Analphabetismus, eine der Konsequenzen aus der Bildschirmgesellschaft.

Nach vorsichtigen Schätzungen leben in der Bundesrepublik drei Millionen lese- und schreibunkundige Bürger. Zieht man Erfahrungen aus nord- und westeuropäischen Staaten, wo die Quote bei zehn Prozent der Bevölkerung liegt, vergleichend heran, so sind sechs Millionen schon realistischer.[11] Es handelt sich dabei überwiegend um sogenannte funktionelle Analphabeten, um Menschen, die irgendwann einmal Schreiben und Lesen gelernt, die es dann aber wieder verlernt haben. Die Volkshochschulen haben in ihr Programm Alphabetisierungsangebote aufgenommen. Solche Anstrengungen helfen wenig, solange die offizielle Politik systematisch die weitere Aushöhlung der Lese- und Schriftkultur betreibt. Es ist nicht schwer, heute öffentliche Mittel für Computer in Schulen und Universitäten zu erhalten: das Geld dafür wird bei den Buchhaushalten eingespart. Die öffentlichen Bibliotheken leiden seit mehreren Jahren unter einer dramatischen Kürzung der ihnen zugewiesenen Mittel. Der freie Zugang zur Information durch das Buch ist in höchstem Maße bedroht.

Eine Gesellschaft ohne Bibliotheken, ohne Buch und Lesen hat sich selbst aufgegeben. Sie wird sich hoffnungslos im Netzwerk der Elektronik verstricken, der überlebensnotwendigen Ideen beraubt. Wir brauchen den Aufstand der Schrift und des gedruckten Wortes gegen das digitale Denken.

- Lesen ist aktiv: es beginnt bei der Entscheidung für das zu Lesende.
- Lesen heißt in Welten versinken, die zwar andere Menschen entworfen haben, die aber im Gegensatz zur Wahrnehmung von Fernsehbildern immer die Züge des Rezipienten tragen.
- Lesen ist autonome Rezeption, nicht gebunden an Apparate und deren Versorgungsleitungen.
- Lesen ist Sinnlichkeit, ist das Wissen be-greifen, in ihm blättern, es mit sich herumtragen.
- Lesen in alten Büchern ist, die Geschichte vor sich liegen haben, ist das Alter riechen.

Lesen ist kultureller Widerstand. Wer es mißachtet, ist gegen das Denken.

Das Lesen und die Buchkultur aber wollen vorgelebt werden. Eröffnen wir unseren Kindern diese Welten. Verführen wir sie zum Bildermalen im Kopf.

Zum Lesen gehört das Schreiben. Schreiben heißt, Zeit-Räume überspringen. Das in der Schrift Fixierte macht die Gedanken des Schreibenden auch für andere verfügbar. Schreiben ist das Festhalten des Augenblicks und die Garantie, bei Bedarf auf ihn zurückzugreifen – im Code des eigenen Geistes.

Schreiben ist Ausdruck eines freien Willens.[12] Schrift sichert die Kontinuität unserer Existenz.[13]

Schreiben kann auch die nötige Distanz zu uns selbst schaffen.[14] Es entlastet, wenn der Informations- und Verarbeitungsdruck das Denken zu sabotieren drohen.

Schrift hat als die Basis der Beschreibung und der Wissenschaft die moderne Gesellschaft überhaupt erst ermöglicht. Das schließt nicht aus, die Schrift heute für die Beseitigung der Folgen mit einzusetzen.

Oft ist die papiergebundene Schrift ein besseres Medium als die Sprache. Schrift will zu Papier gebracht sein, sie ist wohlüberlegter, dosierter, gezielter auch und doch nicht entfremdet. Briefeschreiben kann das Miteinander-in-Verbindung-treten und -bleiben verbindlicher gestalten als das Telefon. Es läßt dem Gegenüber Zeit zur angemessenen Reaktion. Und das ist nicht selten nötig. Es ist die qualifizierteste Form der Distanzüberbrückung. Nicht zuletzt hält es den anderen in der Form des Briefes präsent: durch das noch einmal Lesen, das Begreifen, mit sich Herumtragen . . .

Wir kommen am Schreiben nicht vorbei, wenn wir die notwendigen neuen Ideen entwickeln, wenn wir sie vermitteln, wenn wir sie verwirklichen wollen. Doch auch die Schreibkultur, gleich in welcher Form, will über das Erlernen des Schreibens hinaus gelernt sein. Auch sie will vorgelebt sein, vorgelebt werden.

Schreiben ist ein Moment reflexiver und selbstbewußter Lebensgestaltung. Es kann in Worten verarbeiten, was unter anderem das Lesen an Eindrücken in uns bewirkt hat. Schreiben und Lesen sind alte Kulturtechniken. Was wir hier über beide formuliert haben, ist altes Wissen. Und doch haben Schreiben und Lesen sich als allgemeine Kulturtechniken nie in dem Maße durchgesetzt und durchsetzen können, wie das seit den Tagen der Aufklärung gefordert wird.

Schreiben und Lesen sind aber nicht nur Kulturtechniken. Sie sind, richtig gebraucht, auch Widerstandstechniken. Sie halten den Geist wach und schärfen ihn gegenüber der Propaganda- und Bewußtseinsindustrie.

Kunst als Freiheit und Widerstand

Dem Schreiben und Lesen eng verwandt ist die Kunst. Auch künstlerisches Tun und die Freude am Kunstwerk immunisieren gegen die massenkulturelle Vereinheitlichung und Abkapselung. Sie halten die Vielfalt unserer Wahrnehmungen wach.

Kunstschaffen und die Freude an der Wahrnehmung des Kunstwerkes liegen quer zur Konsumentenkultur. Als gelebter Lebenssinn ist Kunst Teil der widerständigen und nicht zu vereinnahmenden Alltagswelt. Wir können Kunst benutzen zur spielerischen Auslösung von Phantasie und zum Entwurf von Alltagsutopien; Widerstandsinseln im allgemeinen Medienrauschen sind in jeder Wohnung, in jedem Haus möglich. In den Alltag eingebunden, färben Kunst und Kultur, färben Malen, Musizieren, Rezitieren und Rezensieren auch auf andere Alltagshandlungen ab. Sie stärken das Gruppengefühl durch positive, als angenehm empfundene Impulse und Erfahrungen.

Kunst für das Leben aber muß auch raus aus der Privatheit und hin zu den Brennpunkten der Überlebenskrise. Kunst vor Wackersdorf, vor Gorleben, vor den Raketendepots, vor Kasernen, vor großchemischen Anlagen und vor Computerzentralen symbolisiert und lebt den Unterschied zwischen Zerstörung und Hoffnung, zwischen Chaos und Lebenssinn, zwischen Wahnsinn und Menschlichkeit.

4 Widerstand im Alltag

Erfolgreicher Widerstand im Alltag will wohl überlegt und vorbereitet sein. Entschlossenes Handeln benötigt Absicherung und Rückhalt. Wirklich stark wird es erst als gemeinsames Handeln, mitgetragen von der Gruppe, von den Lebensweltgruppen.

Entschlossenes Handeln, vielleicht überhaupt erst die Bereitschaft, etwas zu tun, setzt neben dem Wissen um die Überlebenskrise auch die Kenntnis darüber voraus, wie sie in unseren Alltag eingreift, wann und wo sie uns berührt.

Verbunden damit ist die Frage, wo sich noch Handlungschancen ergeben und wo wir sie uns, teilweise selbst verschuldet, schon entzogen haben – beispielsweise durch eine Strukturierung des Tagesablaufs, die uns in Organisation und in Routinen erstarren läßt.

Kaum etwas von dem, was wir tun, unterliegt unserer eigenen Verfügung. Ich denke dabei nicht nur an den monotonen Arbeitsablauf, auf den der einzelne kaum Einfluß hat, sondern auch an unsere Versorgung mit materiellen (Gas, Wasser, Strom, Nahrung) und immateriellen Gütern (Unterhaltung, Erziehung). Alles wird für uns geleistet, und die Handlungsweisen zum Abrufen dieser Leistungen sind konform. Der Alltag ist normalerweise durch und durch kolonisiert, »befreit« von Kreativität, Phantasie und Aktivität – wobei das konforme Tun nicht mit Aktivität verwechselt werden sollte. Sprechen wir hier lieber von Geschäftigkeit. Zwar ist das reibungslose Abspulen der Alltagsroutinen in gewisser Hinsicht ein Garant für Vertrautheit und auch Sicherheit und insofern wichtig. Auf der anderen Seite ist es die höchst willkommene Planungsgrundlage jeglicher Form von Herrschaft. Es stellt Kalkulierbarkeit sicher. Manche unserer unreflektierten Routinen und Vertrautheiten können schon durch ihr Bewußtwerden einen anderen Stellenwert im Alltag bekommen und zu veränderter Praxis führen. Andere, vor allem im Freizeitbereich, lassen sich ersetzen durch Gemeinschaftsorientierung und solidarisches Handeln.

Verzicht, Boykott, kritischer Konsum

Unkritischer Konsum ist die in allen politischen Lagern weitverbreitetste Form der Unterstützung unseres Wirtschafts-, Finanz- und Energiesystems.

Viel mehr Macht als mit Stimmzetteln haben wir als

Konsumenten: mit gezieltem Konsumverzicht und mit der Entscheidung für etwas als wohlüberlegte Entscheidung gegen etwas anderes. Erst die Kapitulation vor jeder Konsumkampagne macht unsere Verschwendungswirtschaft möglich und hält sie auf Kosten der armen Länder am Leben.

- Jeder kann durch seine Kaufentscheidung etwas für den Erhalt der Ozonschicht tun.
- Jeder kann durch den Verzicht auf mikroelektronische Spielereien einer neuen Wachstumsbranche die Zügel anlegen und zugleich etwas für die wirkliche Kommunikation tun.
- Jeder kann durch den Verzicht auf Scheckkarte und Kennummer zum Abheben von Bargeld aus Automaten den Arbeitsplatz von Bankangestellten sichern und zugleich etwas für die Öffnungszeiten von Banken tun.
- Jeder kann Arbeitsplätze sichern, indem er nicht in Läden mit Scanner-Kassensystemen kauft.
- Jeder kann durch den Verzicht auf Fleisch etwas gegen den perversen Umgang mit unserer Tierwelt tun und zugleich etwas für eine vernünftigere Landwirtschaft und gegen Versorgungsprobleme in der Dritten Welt.
- Wer in einem sogenannten Bioladen kauft, tut dreierlei: er stärkt das Prinzip alternativen Wirtschaftens, er stärkt den umwelt- und menschenverträglich wirtschaftenden Produzenten und er schwächt die Massenprodukte inklusive ihrer Produzenten.

Die Entscheidung, welche Landwirtschaft, wieviel Chemie, wieviel Industrie wir wollen, fällt u. a. täglich an den Ladenkassen.

Ende der 60er Jahre gab es in Schweden und in der Bundesrepublik Kampagnen gegen Weihnachtsterror als »Kampagne für eine christliche Weihnacht«. Die Kampagne richtete sich gegen einen der Höhepunkte des

Verschwendungskonsums[15]; das normalerweise für mehr oder weniger sinnlose Dinge ausgegebene Geld sollte statt dessen für gemeinnützige Organisationen, u. a. Amnesty International, gespendet werden. Wir sollten diese Kampagnen wiederaufnehmen. Amnesty International, Greenpeace, Robin Wood etc. benötigen unser Geld dringend.

Eine Form des kritischen Konsums ist der Boykott: etwa einzelner Güter, die unter ausbeuterischen Bedingungen in der Dritten Welt produziert werden, Boykott gegen Firmen, die gesundheitsschädliche Produkte herstellen und damit Hausfriedensbruch bei uns allen betreiben.[16]

Nach Tschernobyl entstand spontan die Bewegung der Becquerel-Mütter, die vor verseuchten Lebensmitteln warnten und auf Alternativen hinwiesen.

Wir benötigen solche Bewegungen an jedem Ort und nicht nur bezogen auf Cäsium. Die Belastung der Lebensmittel mit Schadstoffen ist umfassend. In Zusammenarbeit mit kritischen Forschungsinstituten kann aber Druck auf die Einkaufspolitik auch großer Lebensmittelketten ausgeübt werden. Populäre kritische Zeitschriften und Zeitungen wie die »TAZ«, »Natur« und »Öko-Test« stehen als zusätzliche Informationsforen zur Verfügung.

Mit dem Boykott von infrastrukturellen Maßnahmen, deren Durchsetzung auf die Bereitschaft der Konsumenten angewiesen ist, können u. a. Arbeitsplätze erhalten werden. Der Boykott von Bildschirmtext, von neuen Telefondiensten und von ISDN zählt genauso dazu wie der Boykott elektronischer Bank- und Postschaltersysteme.

Ein solcher Boykott ist nicht negatorisch. Er schafft Platz für das andere, das Bessere, und er ist wirksam, wenn er geplant, offen und von vielen Menschen durchgeführt wird. Das gilt auch für die legale Störung von Prozessen, die das Funktionieren des Großtechnologie-Staates erst möglich machen. Jede ungewohnte, überraschende Handlung konfrontiert »den Apparat« mit einem Problem; vor allem kostet sie Zeit.

Die Giroblau-Initiative ist dafür ein gutes Beispiel. Sie wurde als Protest gegen den Schnellen Brüter in Kalkar und die Wiederaufbereitungsanlage in Wackersdorf ins Leben gerufen. Das Ziel: »Baustop in Kalkar und Wakkersdorf. Sobald der Baustop verfügt ist, endet diese Aktion.«

Ein Auszug aus dem Aktionsbrief:

»Wie wirkt GIROBLAU? Die meisten Stromkunden lassen ihre Stromkosten vom Girokonto abbuchen. Dieses Verfahren erspart den Stromlieferanten Zeit und Geld, weil es von Computern erledigt wird. Barzahlung: Dieses Verfahren kostet den Stromlieferanten Zeit und Geld, weil es im Handbetrieb bewältigt werden muß. Und hier ist unser Ansatzpunkt für die Aktion GIROBLAU.

Wächst die Zahl derer, die ihre Stromrechnung bar bezahlen, wirkt sich der Mehraufwand in der Verwaltung unmittelbar auf die Erfolgsbilanzen des Unternehmens aus. Der Stromlieferant spürt unseren Protest dort, wo es ihn am meisten trifft. Er wird Mühe haben, ein Zusammenbrechen seiner computergenormten Buchhaltung zu verhindern, je mehr Bürger sich an der Aktion beteiligen.

Übrigens: In den Niederlanden hat eine ähnliche Aktion ein Energieversorgungsunternehmen gezwungen, keinen Atomstrom mehr zu beziehen.

Sie machen sich nicht strafbar. Die Aktion ist völlig legal. Kein Mensch kann gezwungen werden, sich am Abbuchungsverfahren zu beteiligen. Jeder hat das Recht, seine fälligen Zahlungen selbst zu überweisen, eigene nicht vorgedruckte Zahlscheine zu benutzen oder bar zu zahlen.

WAS muß der einzelne tun?

1. Kündigen Sie Ihre Einzugsermächtigung oder Ihren Dauerauftrag.
2. Benutzen Sie auf keinen Fall die vom Energieversorgungsunternehmen vorgedruckten Zahlscheine.
3. Zahlen Sie die fälligen Beträge pünktlich. Folgende Zahlungswege sind möglich:
   a) Zahlen Sie bar bei der Bank oder Post ein.
   b) Zahlen Sie direkt an der Kundenkasse des Energieversorgungsunternehmens.
   c) Bei Scheckzahlung: Stellen Sie immer Verrechnungsschecks aus, das macht dem Empfänger besonders viel Arbeit.
4. Auf dem Einzahlungsbeleg, der bei Ihnen verbleibt, müssen folgende Angaben stehen: Ihr Absender, Name des Empfängers, Verwendungszweck.

Heben Sie alle Zahlungsunterlagen als Beleg gut auf!
Was Sie zusätzlich tun können.

1. Vergessen Sie auf den Zahlscheinen Ihre Kundennummer anzugeben oder schreiben Sie sie versehentlich falsch.
2. Schreiben Sie Ihren Namen oder die Anschrift unvollständig auf den Empfängerabschnitt, machen Sie unleserliche Angaben.
3. Zahlen Sie fristgerecht, aber in mehreren verschieden hohen Teilbeträgen.
4. Zahlen Sie mehr als den fälligen Betrag und fordern Sie den Differenzbetrag nach einigen Tagen zurück.
5. Zahlen Sie für mehrere Haushalte eine Gesamtsumme ein. (Keine Kundennummer, aber alle Namen angeben.)
6. Richten Sie die Einzugsermächtigung wieder ein und kündigen Sie diese nach ca. zwei Wochen wieder.
7. Finden Sie Ihre eigene Methode durch Kombination aus dem oben angeführten.«

Vergleichbare Vorgehensweisen sind bei allen Institutionen denkbar, die einerseits auf uns angewiesen sind, andererseits aber eine lebensfeindliche Politik betreiben, die sich gegen uns richtet.

So sollte es z. B. selbstverständlich werden, sich regelmäßig bei allen in Frage kommenden Ämtern, Behörden und Organisationen schriftlich zu vergewissern, welche Daten und Informationen gespeichert werden und warum. Wo die Möglichkeit besteht, ist die Speicherung von Daten prinzipiell abzulehnen. Dies gilt auch für jegliche Automatisierung von Vorgängen – wie etwa durch das Erteilen von Einzugsermächtigungen. Kurzfristig machen solche Aktionen zwar mehr Arbeit, langfristig aber sichern sie kleine Spielräume, Einflußmöglichkeiten und Arbeitsplätze.

Einheit der sozialen Bewegungen

Die sozialen Bewegungen waren und sind der Motor des gesellschaftlichen Umbruchs in nationalem und internationalem Rahmen. Die Friedens- und die Anti-Atombewegung haben über das Gemeinsame der Bedrohung Brücken zwischen den Völkern geschlagen, die haltbarer sind als die Ergebnisse des diplomatischen Tourismus. Die Bewegungen haben aber auch mit Problemen zu kämpfen. Ihr Kampf und ihr Erfolg wurde in der Vergangenheit überwiegend getragen von Großveranstaltungen und spektakulären Aktionen. Die werden wir zwar weiter benötigen, sie sind aber kein Ersatz für die notwendige politische Alltagsarbeit vor Ort. Nur die Arbeit im Kleinen trägt die Idee von der Machbarkeit einer anderen Zukunft bis zu den einzelnen Menschen. Nur die Arbeit im Kleinen bestärkt die Kraft, die Wut und die Emotionen; die Arbeit in Gruppen und in der Gemeinde bindet den Inhalt an den Kontakt, ist eingebettet in andere gemeinsame Aktivitäten und wird zum selbstverständlichen Teil des politischen Alltagshandelns.

Die Friedensbewegung erlebte ihre Renaissance im Zuge der Nachrüstung. Der Stationierung folgte die Depression, die so tief saß, daß Freude über den geplanten Abbau der nachgerüsteten Mittelstreckenwaffen gar nicht mehr aufkam. Dabei wäre dieser Abbau, trotz Gorbatschow, ohne die Friedensbewegung überhaupt nicht denkbar gewesen. Kann es trotzdem sein, daß sich der Abrüstungserfolg auf die Friedensbewegung eher als lähmender Schock denn als Ansporn ausgewirkt hat? Wenn wir die geplante Abrüstung im landgestützten Mittelstreckenbereich einmal aus einer anderen Perspektive betrachten, nämlich aus der des Militärs, so fällt auf: es zieht die symbolträchtigen und örtlich zu fixierenden Systeme ab und entzieht sie damit der Blockademöglichkeit. Gleichzeitig wird im Weltall und in den Tiefen der Ozeane aufgerüstet. Darauf gilt es sich einzustellen.

Die Friedensbewegung muß sich mehr und mehr auf andere Orte für ihre Aktionen konzentrieren. U-Boote brauchen Häfen, SDI braucht Weltraumbahnhöfe, Empfangsstationen und Computerzentren auf dem Boden. Und dieser ganze militärische Apokalypse-Apparat hat natürlich ein Hirn mit Strategien, die weitgehend bekannt sind. Jede Strategie hat ihre Schwächen und ist verwundbar. Diese Schwächen gilt es, ausfindig zu machen. Der Krake ist am verwundbarsten zwischen den Augen. Dort sitzt etwa »C^3I«, das elektronische Nervenzentrum der atomaren Hochrüstung in der Nato. Kein Krieg kann heute geführt werden ohne elektronische Netzwerke. Das ist zwar selbstverständlich, muß uns aber noch mehr bewußt werden. Auch diese Netzwerke gehören in Abrüstungsverhandlungen, auch auf sie müssen wir öffentlich aufmerksam machen, wann immer möglich, und sie müssen wir bekämpfen, wo immer möglich.

Sich auf das informationelle und strategische Hirn des Vernichtungsapparates zu konzentrieren, das erfordert im selben Atemzug eine wichtige Feindbildkorrektur: fort vom personenbezogenen Feindbild, hin zum strukturellen. Die Reagans und Wörners sind austauschbar. Doch während sie kommen und gehen, verfeinert sich das strukturelle Netzwerk.

Manche Bewegung wurde deshalb nicht stark, weil sie innerhalb der »Szene« mit untergeordneter Priorität versehen wurde und weil es gelang, sie herrschaftlich einzubinden: durch Beteiligungsbonbons, die so süß schmeckten, daß man glaubte, den Rest mit in Kauf zu nehmen können. Die Anti-Kabel-Bewegung, der man Offene Kanäle offerierte, ist dafür genauso ein Beispiel wie Initiativen von Feministinnen in der Bundesrepublik, die sich vehement für die Ausbildung von Frauen in der Computertechnik aussprechen und entsprechende Projekte gestartet haben. Ich erlaube mir die Feststellung, daß solche Strategien bewegungsfeindlich sind. Die Maschinen verlieren nicht dadurch ihren Herrschaftscharakter und ihr Wesen als materialisiertes Patriarchat, daß Frauen sie bedienen und Frauen in die entsprechenden Machtzentren aufrücken. Was dadurch erreicht wird, kann man wohl am angemessensten mit dem Margaret-Thatcher-Syndrom umschreiben.

»Kaum haben wir uns auf eine Schreckensbotschaft aus dem Technopatriarchat eingestellt, kommt schon die nächste«, schreibt Maria Mies. »Kaum haben die Frauen gesagt »gegen die Computer können wir nichts mehr machen, da steht uns schon eine noch größere Horrortechnik ins Haus und in unser Leben, die Gen-Technik. Nein, mit ewigem Hinterherhecheln werden wir nichts aufhalten oder gar ändern. Darum ist es auch nicht zu spät, sondern gerade rechtzeitig. Heute können wir damit anfangen, die nie gefragten grundsätzlichen Fragen zu stellen, aus der Logik der Technologen auszusteigen – ihr keinen Zugang mehr zu unserem Kopf, zu unserem Denken, zu unserem Leben zu geben.«[17]

Besonders jene Initiativen haben es schwer, Fuß zu fassen, denen die griffigen Symbole fehlen, die Schwierigkeiten mit dem Sichtbar-Machen der konkreten Bedrohung haben. Das gilt etwa für die Computer- und Datenschutzbewegung, aber auch für die Gentechnologie. In diesen Fällen fehlen zudem normalerweise die naheliegenden und absehbaren Termine.

Von allen gegenwärtigen Bewegungen ist die Frauenbewegung die fundamentalste und fundamentalistischste. Sie zielt nicht nur auf den Industriekapitalismus und den High-Tech-Industrialismus, sondern auf das Patriarchat an sich. Ihre Stoßrichtung begründet sich historisch aus Jahrtausenden der Entwicklung und ist gesellschafts- und nationenübergreifend.

Gerade an diesem Punkt aber wird die Sinnfälligkeit einer Koordination deutlich. Denn die Friedens-, die Ökologie-, die Anti-Atomkraft- und die Anti-Hochtechnologiebewegungen sind ihrem Wesen nach feministische Bewegungen. Es wird seine Zeit brauchen, bis vor allem die Männer damit angemessen umgehen können.

5 Die vierte »industrielle« Revolution

Der Zusammenhang von Widerstand und Arbeitswelt scheint in unserer Gesellschaft nur denkbar und umsetzbar als etwas gewerkschaftlich Organisiertes; schließlich ist die

Geschichte des Industriesystems zugleich die der Arbeiterbewegung. Die Gewerkschaften in ihrer traditionellen und damit aktuellen Form sind Industriegewerkschaften, sind ihrem Selbstverständnis und ihrer »Sozialisation« nach Kinder und Vertreter des Industriesystems. Sie sind neben dem Kapital die zweite Säule, auf der dieses System ruht. Das setzt Grenzen, im Kopf und in den handelnden Gliedern.

Mit der Krise des Industriesystems, mit dem großtechnologischen Wahnsinn und den wachsenden Legitimationsproblemen der Apologeten dieser Entwicklung verstärken sich auch die Krisenerscheinungen und Widersprüche in der Gewerkschaftsbewegung. Die Gewerkschaft als Einheitsbewegung gibt es nur noch in den Statuten und den Ritualen am Tag der Arbeit oder auf Gewerkschaftskongressen. Zu sehr wirken unterschiedliche Interessen der in unterschiedlichen Industrien organisierten Mitglieder gegeneinander.

Es sind arbeitende und in ihrer großen Mehrzahl organisierte Menschen, die der Atomindustrie dienen, die die großtechnischen Anlagen funktionieren lassen, die in Rüstungsbetrieben Vernichtungswaffen zusammenbauen und in den Kraftwerken die Schlote füttern. Und immer und bei allem geht es deshalb um Arbeitsplätze, um die Erwerbsquelle der organisierten Arbeitsplatzbesitzer.

Es sind organisierte Arbeitnehmer, die Automaten herstellen, die an anderer Stelle Kollegen und Kolleginnen mit dem Arbeitsplatz bezahlen müssen. Es sind Arbeitnehmer, die die neuen Technologien tolerieren und gleichzeitig über die destruktiven Folgen klagen. Die Macht- und Herrschaftsfrage durchaus mitgedacht: aber diese Folgen sind bei dem vorherrschenden halbherzigen und widersprüchlichen Verhalten zu einem erheblichen Anteil selbstverschuldet.

Nach aller Erfahrung ist es unvermeidbar, daß die aus diesen Widersprüchen resultierenden innergewerkschaftlichen Auseinandersetzungen zunehmen werden. Ein Schisma ist nicht undenkbar. Gleichzeitig wird sich der Abwehrkampf gegen den Verlust gewerkschaftlicher Machtpositionen verstärken, genau wie die zweifellos wichtigen Aktivitäten gegen den grassierenden Sozialabbau. All dies schwächt die Gewerkschaften als Kampforganisation für das Leben. Und es schwächt sie vielleicht noch mehr als die Tatsache, daß ein großer Teil ihrer Mitglieder nicht an Krise und Überlebenskrise denkt, sondern an Wohlstand und Fernsehen.

Können wir also im Kampf für das Überleben überhaupt auf die Gewerkschaften setzen? Diese Frage läßt sich pauschal nicht beantworten. Sicher ist nur, daß wir ohne die tatkräftige Unterstützung von Frauen und Männern in den Betrieben unser Ziel wohl kaum errreichen können. Und ohne sie wollen wir es doch auch nicht erreichen. Unter dem Eindruck der strukturellen Krise an Rhein und Ruhr beginnt sich, beispielsweise in der IG Metall, die Erkenntnis durchzusetzen, daß der ökologische Umbau überfällig ist, daß er gewaltige Investitionen erfordert und damit auch Arbeitsplätze schafft. In vielen Köpfen beginnt die unselige Polarisierung zwischen Arbeitsplatzinteressen und ökologischen Überlebensinteressen aufzuweichen. Doch noch fehlen die Taten.

Solange es für Gewerkschafter und Arbeitnehmer nicht selbstverständlich ist, daß nur der schnelle ökologische Umbau der Industriegesellschaft Arbeitsplätze sichern kann –

solange es nicht selbstverständlich ist, daß die organisierte Arbeiterbewegung auch etwas *für* die so ausgebeutete und zerstörte Umwelt tut –

solange es nicht selbstverständlich ist, daß Belegschaften *für* Filteranlagen, *für* die Begrenzung von Schadstoffemissionen, *für* die Entwicklung und Herstellung umweltverträglicher Produkte streiken –

solange es nicht selbstverständlich ist, davon zu sprechen, daß die Arbeitsplätze in der Atomindustrie, in den Rüstungsbetrieben und in so manchen chemischen Anlagen menschheitsbedrohend sind und daß nichts für ihren Erhalt spricht –

solange anstelle der Kollaboration mit der Lüge des Fortschritts nicht die wirkliche Solidarität tritt, der Solidarpakt für das Leben –

solange die Einsicht nicht Oberhand gewinnt, daß der Kampf für Arbeit *und* Leben mit den traditionellen Mitteln der Tarifpolitik allein keinesfalls zu gewinnen ist: solange müssen wir auch in der Arbeitswelt auf unsere eigene Kraft setzen, auf das, was jeder tun kann, allein oder im Kollektiv, organisiert oder unorganisiert.

Es kann und sollte nicht Gegenstand dieser Überlegungen sein, einen Beitrag zum Verständnis von Arbeit und Zukunft von Arbeit unter dem Vorzeichen des Einzugs neuer Technologien in die Betriebe zu leisten. Genausowenig kann ich an dieser Stelle auf neue Formen der Arbeit im Sinne eines ökologischen Stoffwechsels zwischen Mensch und Natur eingehen. Hinsichtlich dieser Fragen sei beispielsweise auf das Buch von Oskar Negt »Lebendige Arbeit, enteignete Zeit« verwiesen.[18] Ich kann aber anmerken, daß auch in diesem Fall eine andere Qualität der Auseinandersetzung erforderlich ist, wenn Arbeit in absehbarer Zeit nicht in nahezu allen, auch den heute noch als kreativ definierten Berufen der Automatisierung bzw. Apparatisierung unterliegen soll.[19]

Wenn neue Technologien zur Debatte stehen, kann es zunächst primär nie um die Gestaltung einer Rationalisierungsinfrastruktur gehen, sondern immer nur um die Blockade. Blockade schafft den erforderlichen Zeit-Raum, um zu klären, was wir wollen, wie wir es wollen, ob wir dazu Technik brauchen und, wenn ja, wie sie aussehen soll. Nur Blockade erschließt Auswege. Das heißt, das Bewußtsein von der Vorgehensweise und die Vorgehensweise selbst müssen prinzipiell statt reaktiv sein. Dann wird eher ersichtlich, daß neue Techniken nie nur eine ökonomische, sondern immer auch eine politische und kulturelle Bedeutung haben. Der darauf bezogene Arbeitskampf ist somit zugleich politischer Kampf und Kulturkampf. Und es wird vielleicht eher als in einer rückzugsorientierten Gestaltungsdebatte deutlich, daß von jeder Maschine immer nur das erfaßt werden kann, was bereits vorher sozial entschieden worden ist. Nur das kann durch Apparate ersetzt werden, was bereits wie ein Apparat funktioniert.

Auf einer zweitägigen Umweltkonferenz der IG Metall im Januar 1988 sprach Franz Steinkühler von einem Anfang, von einer Einladung an die Ökobewegung: »Wer aus der Gefahr kommen will, braucht Gefährten, Weggefährten.«[20] Die Einladung des Gewerkschaftsführers sollte angenommen werden – allerdings nicht nur von der Umweltbewegung, sondern von allen sozialen Bewegungen.

Erfahrungen liegen bereits vor. Seit 1984 gibt es die berufsbezogenen Friedensinitiativen:

- Arbeitnehmer in der Luftfahrt für Frieden und Abrüstung
- Architekten für den Frieden
- Betriebliche Friedensinitiativen
- Friedensinitiative Psychologie/Psychosoziale Berufe
- Bürokratinnen und Bürokraten für den Frieden
- Forum Informatiker für Frieden und gesellschaftliche Verantwortung
- Initiative APPELL Gesundheitswesen für den Frieden

- IPPNW Internationale Ärzte zur Verhütung des Atomkriegs
- Journalisten warnen vor dem Atomkrieg
- Künstler in Aktion
- Kulturwissenschaftler für Frieden
- Mathematiker gegen Atomrüstung
- Naturwissenschaftler-Initiativen
- Pädagoginnen und Pädagogen für den Frieden
- Pfarrerinnen und Pfarrer für den Frieden
- Planerinnen und Planer für den Frieden
- Richter und Staatsanwälte für den Frieden
- Schriftsteller für den Frieden
- Sportlerinnen und Sportler für den Frieden
- Sprachwissenschaftler/innen für den Frieden.[21]

Zu ihrem Selbstverständnis heißt es: »Politischen Einfluß können wir nur erlangen, wenn wir gemeinsam handeln. Wo können wir das anfangen? Der Beruf nimmt einen so wichtigen Teil unseres Lebens ein, daß die mit den Berufskollegen geführten Diskussionen erhebliche Bedeutung für gemeinsames politisches Handeln haben müssen. Im Beruf finden wir unsere Kollegen und lernen sie kennen und schätzen. Hier wissen wir genau, auf wessen Meinung etwas zu geben ist. Wo sonst also sollte sich der Kreis zusammenfinden, der eine Friedensinitiative beginnen kann? [. . .] Viele Angehörige vieler Berufsgruppen [. . .] haben spezifische Erfahrungen in die Diskussion einzubringen. Dabei ist es gleich, ob der Naturwissenschaftler über neue Waffen aufklärt, ob der Arzt uns zeigt, warum er im Falle eines Krieges uns nicht wird helfen können, oder ob der Journalist aufdeckt, wie in einer freien Presse die Friedensbewegung totgeschwiegen werden kann. In allen diesen Fällen tragen Menschen Kenntnisse, über die nicht jeder von uns verfügt, zur gemeinsamen Diskussion bei.«[22]

Die berufsbezogenen Friedensinitiativen arbeiten überwiegend überregional. Ihre Bedeutung werden sie erst stärken, wenn sie als Betriebsgruppen arbeiten und wenn sie die Überlebenskrise insgesamt zu ihrem Anliegen machen. Vordringlich kann dann geklärt werden, wo und in welchem Ausmaß der »eigene« Betrieb an der Entwicklung beteiligt ist, direkt oder indirekt – wie zunächst betriebliche und dann weitergehende Öffentlichkeit hergestellt werden kann – was man gegebenenfalls im Betrieb selbst unternehmen kann bzw. wo Kooperationen mit Betrieben und Arbeitskreisen aus anderen Betrieben notwendig und sinnvoll sind – ob es Alternativen zu der Herstellung umwelt- und menschengefährdender Güter gibt und wie solche Alternativen durchgesetzt werden können – ob es erforderlich ist, gefährliche Forschungsarbeiten zu blockieren etc.

Die Einrichtung betrieblicher Arbeitskreise, Initiativen und Diskussionsgruppen hätte noch einen weitergehenden Effekt. Diese Gruppen könnten den Ausgangspunkt bilden für die (Wieder-)Entdeckung der Arbeitsstätte als Kommunikations- und Sozialraum, als Ort der über den Arbeitsplatz hinausgehenden täglich gelebten Solidarität.

Arbeitskraft und Überlebenskrise gehören als Problem jedoch auch in die Lebensweltgruppen und -netzwerke. Wir müssen sie einbinden in unsere widerständige Selbstorganisation: zur Stärkung des Problembewußtseins, zum Erkennen, wo wir überall ansetzen können, zur emotionalen Absicherung und Stützung der Widerstandsarbeit im Betrieb. Ohne die Einbeziehung in das Private und ohne die Rückendeckung durch Freunde und Familie wäre der Widerstand in Rheinhausen undenkbar gewesen. Dort ist Arbeit und Arbeitswelt unter dem Vorzeichen der Bedrohung zu einem politischen Raum gewachsen, in dem die vielen einzelnen sich als Gemeinschaft wiedergefunden haben. Dort sind betriebliche und außerbetriebliche Erfahrungen zu einer Einheit für das Überleben verschmolzen.

Doch sollte das nicht nur im Kampf für den Erhalt von Arbeitsplätzen möglich sein. Vergleichbare Aktionen sind an jedem Atomkraftwerkstandort denkbar, in jedem Ort, in dem Massenvernichtungswaffen lagern, auch in jedem Ort, in dem großchemische Anlagen die Umwelt verseuchen. Für die verantwortungslos herrschenden Kräfte würde es dann bedrohlich: aus der Bewegung vor Ort könnte schnell eine Volksbewegung für das Leben entstehen.

Die sogenannten Arbeitnehmer in der Bundesrepublik verfügen über ein wesentlich größeres Einfluß- und Druckpotential, als ihnen bewußt ist. Die meisten Industriebetriebe sind hochkomplizierte Anlagen; sie stehen zudem oft in einem komplexen Wechselverhältnis mit anderen Betrieben, auf deren Lieferungen sie angewiesen sind, damit die Produktion fließt. Energieversorgungs- und Wartungsunternehmen komplettieren diesen industriellen Verbund. Wie für alles gilt auch hier: mit der wachsenden Komplexität, Diversifikation und Leistungsfähigkeit steigt die Anfälligkeit.

In den betrieblichen Arbeitskreisen sollte die Anfälligkeit industrieller Betriebsorganisation Thema sein. Einfache Systemanalysen werden die wunden Stellen der Destruktionstechnologie schnell ans Tageslicht fördern. Effektiver ziviler Ungehorsam und Widerstand in der Arbeitswelt hängen entscheidend vom Organisationswissen ab.

»Meiner Meinung nach«, schreibt Robert Jungk, »hat der heutige Widerstand die Schwachstellen des Industriesystems noch nicht erkannt. Man müßte sich, um den Widerstand effektiv zu fördern, genau nach den Achillesfersen des Industriesystems umsehen, die ausfindig machen. Das geht natürlich am besten, wenn man mit Leuten zusammenarbeitet, die im Industriesystem selbst drinsitzen, die einem sagen: Hör zu, wenn hier z. B. in einer Zwischenstufe eine Lieferung ausfällt, läuft der ganze Produktionsbereich nicht mehr weiter. Das kann ein kleiner Betrieb sein, der 40 Menschen beschäftigt, der bestimmte Ventile für die AKWs herstellt, die dann eben nicht mehr produziert werden.«[23]

Auf einer Friedensveranstaltung habe ich einmal den Satz gehört: »Nur Narren stellen zuerst das her, wovor sie dann sich selbst und ihre Kinder schützen müssen.«

Methoden des gewaltfreien Widerstands im Betrieb sind vielfältig. Was in einem Fall die Blockierung der Produktion, wird im anderen Fall zum Erfolg durch den Verrat von Betriebsgeheimnissen führen. Wäre sich nur einer der informierten Arbeitnehmer bei Nukem seiner Verantwortung bewußt gewesen, hätten die kriminellen Vorgänge in dieser Todesfabrik nie das Ende 1987/Anfang 1988 bekanntgewordene Ausmaß erreichen können. Um der Feigheit vorzubeugen, brauchen wir einen gesetzlich verankerten Kündigungsschutz für alle, die kriminelle Verstöße, vor allem auch Umweltverstöße ihrer Unternehmen anzeigen und öffentlich machen.

Ein weiteres Mittel, das bislang nur von außerbetrieblichen Initiativen und Organisationen wie Greenpeace eingesetzt wird, ist die systematische Behinderung der Verladung, des Transports und der Löschung lebens- und umweltfeindlicher Güter. Was ist ein Arbeitsplatz im Führerhaus eines Lastkraftwagens wert, der Atommüll transportiert? Was ist ein Arbeitsplatz in einer Reederei wert, die Giftstoffe verklappt, Atommüll im Meer versenkt und dioxinhaltige Stoffe auf offener See verbrennt?

Für alle, die sich entschließen, Blockadeaktionen im eigenen Betrieb zu organisieren, durchzuführen oder zu unterstützen und die dadurch ihren Arbeitsplatz verlieren, benötigen wir Netzwerke, brauchen wir Rettungsanker, die zumindest eine Versorgung der betroffenen Arbeitnehmer inklusive ihrer Familien sicherstellen. Es könnte u. a. Aufgabe der neugegründeten Öko-Bank sein, die finanztechnische Betreuung eines entsprechenden Fonds zu übernehmen. Nicht undenkbar ist es, daß neben den Kirchen, der einen und vielleicht auch der anderen Partei, den Gewerkschaften und vielen Privatleuten manche im Umweltschutzbereich tätige Unternehmen finanzielle Unterstützung für diesen Fonds leisten.

Die innerbetriebliche Durchsetzung solcher Gemeinwohlinteressen, die durch den eigenen Betrieb tangiert werden, hängt nicht allein von den Widerstandsformen der Blockade, der Produktionsverhinderung und des Anzeigens krimineller Vorgänge ab. Vielmehr gibt es einen breiten Fächer von Verweigerungsformen innerhalb der bestehenden rechtlichen Spielräume.[24] Exemplarisch sei auf die Durchführung von Betriebsversammlungen hingewiesen, die ein bis zwei Tage dauern können und während derer ein Recht auf Lohnfortzahlung besteht.

Elmar Altvater definierte auf einer Veranstaltung zur Zukunft des Streiks diese Zukunft in knappen Worten so: »Besetzungen, Boykotts, Sabotage.«[25]

Was ist Sabotage?

Laut Brockhaus ist es »die Vereitelung eines Zieles durch böswillige, geheime Gegenwirkung oder passiven Widerstand sowie die vorsätzliche Beschädigung oder Zerstörung von Maschinen, Arbeitsmitteln, Waren u. a. aus Anlaß eines Arbeitskampfes oder zu politischen Zwecken.«

Der Duden spricht demgegenüber von der »(planmäßigen) Beeinträchtigung eines wirtschaftlichen Produktionsablaufs, militärischer Operationen u. a. durch (passiven) Widerstand od. durch (Zer)störung der zur Erreichung eines gesetzten Zieles notwendigen Einrichtungen.«

Das Wort Sabotage selbst geht auf den französischen Begriff »sabot« = »Holzschuh« zurück. Amerikanische Arbeiter blockierten mit ihren sabots den Arbeitsablauf, indem sie sie in das Räderwerk der Maschinen steckten. War auch oft der Holzschuh verloren, so schuf man sich doch Luft, um der Arbeitsdisziplin zu entkommen, sich auszuruhen, miteinander zu reden.[26]

Sabotage kann also, wie das der Brockhaus unterstellt, bösartig sein, dem Spaß an der Zerstörung entspringen, mit Erpressung um des eigenen Vorteils willen verbunden sein oder in einer irregeleiteten Selbstsicht als Technoguerilla wurzeln. Sabotage kann aber auch der Verhinderung des Schlimmsten dienen, wenn andere Mittel nicht mehr greifen. Sie ist dann als letzter Versuch zu interpretieren, wenn sich die Maschinerie des Verderbens nicht anders zum Stillstand bringen läßt. Wir denken hier an die vielfältigen maschinenstürmerischen Aktivitäten in den vergangenen Jahrhunderten oder an die Frauen und Männer, die im Dritten Reich in der Rüstungsproduktion fehlerhafte, untaugliche Geschosse herstellten, oder an die Greenpeace-Aktivisten, die in Island die Walfangflotte lahmgelegt haben. Immer handelt es sich dabei um Notwehr für das Leben, hier streifen lebende »Systeme« die destruktive Beherrschung durch tote Systeme ab. Oft genug kann auch eine zwar verborgene, klammheimliche, doch gleichzeitig allgemeine Zustimmung vorausgesetzt werden.

Notwehraktionen können offen oder verdeckt sein. Die erwähnte Greenpeace-Aktion steht für die offene Form, das Untauglichmachen von Waffen, Waffensystemen und großtechnologischen Anlagen im Normalfall für die verdeckte Form.

Wer im militärischen Sektor Computerprogramme so manipuliert, daß die Höllenmaschinen im real ja nie austestbaren Ernstfall nicht funktionieren, wird darüber so wenig reden wie Computerfachleute, die beispielsweise bei der ISDN-Software durch intelligente Eingriffe freiheitsbedrohende Schaltungen verhindern. Denn Reden hieße in diesen Fällen, den Fehler preisgeben, was identisch wäre mit seiner Beseitigung.

Notwehraktionen haben immer einen Vorsprung. Oft verbleiben sie auf der Schwelle des bloß Angedachten, manchmal reifen sie im Kopf bis zur perfekten Durchführbarkeit und warten auf den Auslöser, der kommen kann oder auch nicht. Wer täglich viele Stunden in Raketensilos, in Rechenzentren, in Genlabors, in Tierversuchslabors arbeitet, dem gehen sicherlich viele, noch von keinem Sicherheitsexperten gedachte Gedanken durch den Kopf. Es gibt hochkarätige Experten in nahezu allen Bereichen der Megamaschine, die regelmäßig entsprechende Informationen austauschen. Und es handelt sich dabei um Leute aus dem Inneren des Systems. Aber diese Gedanken gehören im Detail nicht an die Öffentlichkeit, denn damit wären sie schlagartig wertlos.

Die Kriminalisierung der Notwehr wird seitens des Staates und der großen Medien zunehmen. Noch schärfere Gesetze sind nicht auszuschließen. Die Zimmermanns haben ihren Law-and-Order-Wahn noch lange nicht ausgetobt. Aber das darf uns nicht erschrecken. Nur unbelehrbare Rechtspositivisten gehen davon aus, daß staatliche Gesetze nie Unrecht sein können.

Leopold Kohr, der Philosoph der Kleinheit, äußerte im Orwell-Jahr 1984 eine Hoffnung. Der Mensch werde gegen die Maschine rebellieren: »Und das wird, so schwierig es aussieht, die leichteste aller Revolutionen sein, eine Revolution, die kein Blutvergießen, keine Waffen, keine Mobilisierung der Straße braucht. Alles, was dazu notwendig ist, ist ein Hammer, mit dem man den elektronischen Gehirnen den Metallschädel, unter dem sie operieren, einschlägt und damit mit einem Schlag die Massengesellschaften vernichtet, die nach Erreichung eines gewissen Organisationsgrades ohne Computer einfach nicht mehr funktionieren können. Das könnte um das Jahr 2000 der Fall sein, so daß dem für die Ewigkeit geplanten ›großbrüderlichen‹ Computerreich von 1984 auch nur mehr eine Zeitspanne von 16 Jahren übrigbleiben würde.«[27]

Anmerkungen

Einführung

1 Dorothe Sölle: Ein Volk ohne Vision geht zugrunde. Wuppertal 1986, S. 142f.

2 Vgl. Erich Küchenhoff: Recht auf Widerstand gegen die Vorbereitung eines Atomkriegs. In: Mediziner gegen die atomare Bedrohung (Hrsg.): ... und keiner kann helfen. München 1983, S. 87

3 Vgl. Marieluise Beck-Oberdorf: Friedensbewegung und Widerstand. In: Jürgen Tatz (Hrsg.): Gewaltfreier Widerstand gegen Massenvernichtungsmittel. Freiburg 1984, S. 91

4 Vgl. Günter Frankenberg: Ziviler Ungehorsam und rechtsstaatliche Demokratie. In: Juristenzeitung, März 1984, S. 266ff.

5 Ernst Bloch: Das Prinzip Hoffnung, Band 2. Frankfurt 1974, S. 622

6 Kurt Koszyk: Der Gestank von Treblinka ist verweht. In: Liberal, Heft 4/1986, S. 86

7 Fritz Bauer: Widerstandsrecht und Widerstandspflicht des Staatsbürgers. In: Derselbe u. a.: Widerstandsrecht und Widerstandspflicht des Staatsbürgers. Frankfurt 1962, S. 58

8 Bernard Benson: Das Buch vom Frieden. Hamburg 1981, S. 165

9 Und Wasser bricht den Stein. Freiburg/Basel/Wien 1986, S. 19

Konvergenz der Technik – Konvergenz der Probleme – Konvergenz der Krisen

1 Markantes Beispiel hierfür ist die Entwicklung der Farbenlehre durch Goethe. Aufgrund der Popularität des Dichters und Gelehrten behielt diese Lehre zwar einen gewissen Grad an Bekanntheit. Sie wurde aber nicht zur vorherrschenden Denkweise in der Physik, weil sie eine Wahrnehmungslehre war, entstanden mit den Augen des Malers. Der Erfolg blieb der Newtonschen Farbenlehre vorbehalten, deren Kernanliegen der optische Apparatebau war. Vgl. hierzu Gernot Böhme: Alternativen der Wissenschaft. Frankfurt 1980, S. 123–153

2 Vgl. Maria Mies: Neue Technologien – wozu brauchen wir das alles? Aufforderung zur Verweigerung. In: Michaela Huber/Barbara Bussfeld (Hrsg.): Blick nach vorn im Zorn. Weinheim und Basel 1985, S. 215f.

3 Vgl. Hans-Dieter Bahr: Über den Umgang mit Maschinen. Tübingen 1983, insbesondere S. 33ff.

4 Interessant hierzu die Ausführungen von Carolyn Merchant: The Death of Nature. San Francisco 1980

5 Vgl. etwa Friedrich Engels: Von der Autorität. MEW, Band 18, Berlin 1973

6 Vgl. Gerda Zellentin: Abschied vom Leviathan. Hamburg 1979, S. 90ff.

7 Vgl. Böhme, a. a. O., S. 17f.

8 Nichts anderes liegt den Elementarteilchen-Superbeschleunigern zugrunde, die weltweit errichtet werden. Ein sechs Kilometer langer Teratron-Ring liegt bei Chicago, ein vier Kilometer langer Speicherring TRISTAN bei Tokio. Unter dem Schweizer Jura entsteht ein 27 Kilometer langer Tunnel für den Beschleunigerring LEP, Kosten: mindestens 6 Mrd. DM. Der Untergrund des Hamburger Volksparks muß für HERA herhalten, einen Ring, dessen sechs Kilometer ca. eine Milliarde DM kosten werden. In den USA soll bis 1996 der längste Beschleunigerring entstehen. 30 Kilometer werden 6 Mrd. Dollar verschlingen.

9 Böhme, a. a. O., S. 197

10 Vgl. hierzu ausführlich Gerda Zellentin, a. a. O., S. 69ff.

11 Vgl. hierzu ausführlich Carolyn Merchant, a. a. O., S. 168ff.

12 Claudia Koppert/Birgit Lindberg: Ich lebe Widerstand, weil ich lebendig bin. In: Beiträge zur feministischen Theorie und Praxis. Heft 12/1984, S. 115–118. Vgl. auch Ute Hoffmann: Cobol für Adam. In: Wechselwirkung, Nr. 33/1987, S. 28–31

13 Vgl. Herbert Marcuse: Der eindimensionale Mensch. Darmstadt/Neuwied 1967, insbesondere S. 139–213

14 Kopie des Redemanuskripts, S. 16

15 Vgl.ausführlich Ilya Prigogine/Isabelle Stengers: Dialog mit der Natur. München 1986[2], Kapitel VI, S. 176–200. Vgl. auch Yona Friedman: Machbare Utopien. Frankfurt 1978, Kapitel III, S. 34–48

16 Ernest Jouhy: Abschied von den ehemaligen Gewißheiten. In: Ästhetik und Kommunikation, Heft 55/1984, S. 49

17 Vgl. Jeremy Rifkin: Entropie. Hamburg 1982; vgl. auch Prigogine/Stengers, a. a. O., S. 125–130

18 Fritjof Capra: Wendezeit. Bern/München/Wien 1985, S. 209

19 Vgl. Rolf Peter Sieferle: Menschen gegen neue Technik. In: Bild der Wissenschaft, Heft 4/1986, S. 79f.

20 Informationen bei: Greenpeace, Hohe Brücke 1, 2000 Hamburg 11

21 zit. n. Erwin Jurtschitsch: Das Pulverfaß. In: Natur, Nr. 9/1987, S. 30

22 Vgl. Frederic Vester: Ein Baum ist mehr als ein Baum. München 1986

23 Vgl. Erwin Brunner: Der grüne Tod. In: Die Zeit, Nr. 35 v. 21. 8. 1987, S. 9f.

24 Vgl. Capra, a. a. O., S. 278ff.
25 John Seymour: Der Mensch als Verwalter der Natur. Manuskript für das Leopold-Kohr-Symposion 1982 in Salzburg, S. 8f.
26 Rolf Lohbeck: Selbstvernichtung durch Zivilisation. Würzburg 1966, S. 56f.
27 Der kalte Krieg der Radioaktivität. In: TAZ vom 15. 6. 1987, S. 8. Sternglass geht u. a. auch davon aus, daß durch die Atomwaffentests bis Ende dieses Jahrhunderts 30 Mio. Menschen gestorben sein werden. Vgl. auch Natur, Heft 9/1987, S. 84f. Eine andere Schätzung kommt alleine bezüglich der Plutonium-Folgen zu dem Ergebnis: »Da es keine 100 Prozent sichere Technologie gibt, entweicht etwas Plutonium jedes Mal, wenn man damit umgeht. [...] Wenn die amerikanische Nuklearindustrie sich entsprechend den Produktionen des Jahres 1975 entwickelt und das anfallende Plutonium mit einem Sicherheitsgrad von 99,99 Prozent abschirmt – was einem Wunder gleichkäme – dann wird sie für 50 Jahre nach dem Jahre 2020 für jährlich 500000 Todesfälle an Lungenkrebs verantwortlich sein.« Capra, a. a. O., S. 272
28 Vgl. Der kalte Krieg..., a. a. O.
29 So Dieter von Ehrenstein, Professor für Physik, am 21. 11. 1986, in: Die Zeit, S. 36
30 Vgl. hierzu die hervorragende Analyse von Adalbert Evers und Helga Nowotny: Über den Umgang mit Unsicherheit. Frankfurt 1987
31 Die Gen-Story. In: Natur, Heft 9/1987, S. 51
32 Vgl. Sabine Rosenbladt: Biotopia. In: Natur, Heft 9/1987, S. 47–50 und Wolfgang Gehrmann: Gen-Technik – Das Geschäft des Lebens. München 1984
33 Gehrmann, a. a. O., S. 51f.
34 Vgl. Die Zeit, Nr. 36 v. 28. 8. 1987
35 Rosenbladt, a. a. O., S. 49
36 So finanziert das Bundesverteidigungsministerium etwa Genforschung an der Tierärztlichen Hochschule Hannover
37 zit. n. Botschaft und Dienst, Heft Mai/Juni 1986, S. 10
38 Vgl. Bobby Hatch: Aids. Der biologische Super-GAU? In: Wechselwirkung, Nr. 34/1987, S. 42
39 Im Institute Pasteur erkrankten kurz hintereinander fünf Wissenschaftler an Krebs. Ein weiterer kam im Sommer 1987 hinzu. Zwei sind inzwischen verstorben.
40 Vgl. Wechselwirkung, Nr. 27/1985; K. Kruse (Hrsg.): Aids-Erreger aus dem Gen-Labor. Berlin 1987; Hatch, a. a. O.

41 Ich verdanke einige Anregungen zu diesem Aspekt Dr. Dieter Teufel vom UPI-Institut in Heidelberg.

42 Vgl. Der Angriffskrieg wird vorbereitet. Eine Informationsschrift der Pressehütte Mutlangen v. Mai 1986

43 ebenda, S. 4

44 Vgl. Wechselwirkung, Nr. 31/1986, S. 65

45 Schon immer haben massenhafte Menschenvernichtungen bei gleichzeitiger Bewahrung von materiellen Werten – und das eben tut die Neutronenbombe – Wachstum gebracht. Die Pest im Mittelalter etwa brachte den Aufschwung zur Neuzeit. Die Wälder wucherten über einer um 60 Prozent reduzierten Bevölkerung.

46 In: Rüdiger Liedtke: Widerstand ist Bürgerpflicht. München 1984, S. 148

47 Informationstechnologien. In: Evangelisches Staatslexikon, 2 Bände, Stuttgart 1987[3], Sp. 1319

48 Daniel Bell: Die nachindustrielle Gesellschaft. Reinbek 1979, S. 31

49 ebenda, S. 364

50 Alvin Toffler: Die Zukunftschance. München 1980, S. 439; vgl. dazu auch Herbert Kubicek: Die sogenannte Informationsgesellschaft. In: Elmar Altvater u. a.: Arbeit 2000. Hamburg 1985, S. 88 ff.

51 Als dem Dienstleistungssektor zugehörig wird nicht nur das definiert, was Dienstleistungen im engeren Sinne ausmacht, sondern alles an Tätigkeiten, was sich nicht im primären (Landwirtschaft, Bergbau) und/oder im sekundären Sektor (Handwerk und Industrie) abspielt. Das Spektrum der Berufe ist somit äußerst breit und umfaßt so unterschiedliche Berufsgruppen wie Journalisten, Ärzte, Apotheker, Taxifahrer, Briefträger, Wissenschaftler, Krankenpfleger, Lehrer, Hausmeister, Beamte, Pfarrer, Bank- und Versicherungsangestellte.

52 Jean Pierre Dupuy: Myths of the Informational Society. In: Kathleen Woodward (ed.): The Myths of Information: Technology and Post-Industrial Culture. London 1980, S. 17; Übersetzung von mir, C. E.

53 ISDN ist die Abkürzung für »Integrated Services Digital Network«. In der Übersetzung: »Digitales Netzwerk für integrierte Dienste«. ISDN ist also der Name für ein Telefonleitungsnetz, das in ein Computerdaten-Netz umgewandelt worden ist.

54 Ein Neuro-Computer besteht aus zwei Hauptkomponenten: »Einem zweidimensionalen Gitter aus optischen Schaltern, die gewissermaßen die Neuronen darstellen, und einem Hologramm zum Festlegen der Verknüpfungen zwischen diesen Elementen. Der Zustand eines Schalters richtet sich nach dem Status aller anderen Schalter, mit

denen er verknüpft ist. Dabei besteht die Möglichkeit, alle Elemente des ebenen Gitters über Lichtbündel mittels Hologramm beliebig miteinander zu verbinden [...] Ein Hologramm von einem cm^3 Volumen kann im Prinzip mehr als eine Billion Verknüpfungen definieren; damit kann man sämtliche Vernetzungsmöglichkeiten von mehr als einer Million optischer Schalter abdecken. Diese enormen Möglichkeiten der dreidimensionalen Informationsspeicherung in Hologrammen eröffnen ein riesiges Speicherpotential.« Yaser S. Abu-Mostafa/Demetri-Psaltis: Optische Neuro-Computer. In: Spektrum der Wissenschaft, Mai 1987, S. 60

55 Vgl. ausführlich Claus Eurich: Computer, neue Medien und Kultur. Hamburg 1988; und die dort angegebene Literatur

56 Vgl. Claus Eurich, Herbert Kubicek u. a.: Informationstechnik und Kommunikationspolitik. Bonn 1985, als Manuskript vervielfältigt, S. 12ff.

57 Vgl. Rolf Kreibich: Die Wissensgesellschaft – Thesen zum gegenwärtigen Wandel der Industriegesellschaft. In: Gewerkschaftliche Monatshefte, Heft 6/1986, S. 339f.

58 Vgl. Eric J. Lemer: Elektromagnetische Impulse. In: IEEE spectrum, Heft Mai 1981, S. 41–46. Hier die Rohübersetzung für die Zentralbibliothek der Deutschen Bundeswehr

59 ebenda, S. 7

60 Vgl. John Rhea: Militärische Anwendungen von Glasfaser-Lichtleiterkabeln. In: Internationale Wehrrevue, Heft 2/1984, S. 151–154

61 Wolfram Maessing/Hans Polle: Lichtwellenleiter in der militärischen Kommunikationstechnik. Ohne nähere Angaben; Kopie aus der Zentralbibliothek der Deutschen Bundeswehr.

62 Vgl. Truppenpraxis, Heft 3/1984, S. 161

63 Vgl. Truppenpraxis, Heft 9 und 10/1982, S. 627–632 bzw. 714–720

64 Lemer, a. a. O., S. 9, 13

65 Truppenpraxis, Heft 3/1984, S. 163

66 Vgl. Internationale Wehrrevue, Heft 5/1980

67 Vgl. Wilhelm Steinmüller: Informationstechnologien. a. a. O., Sp. 1328f.

68 zit. n. Peter Berger u. a.: Optionen des Ausbaus der Telekommunikationsinfrastruktur. März 1987, Arbeitsexemplar, S. 5–12

69 Vgl. Angelika Solle: Die sozialen Hintergründe von Störfällen am Computer. Berlin 1984; unveröffentlichte Diplomarbeit an der TU Berlin, S. 11ff.

70 Vgl. ebenda, S. 20

71 Vgl. Die Datenschleuder, Nr. 28/1987, S. 6f.
72 ebenda
73 Seitdem werden entsprechende Zahlen nicht mehr veröffentlicht.
74 Vgl. Theodore Roszak: Der Verlust des Denkens. München 1986, S. 300
75 Vgl. Süddeutsche Zeitung Nr. 256 v. 7. November 1986, S. 15
76 Vgl. etwa: Verfassungsschutz durchleuchtet Siemens-Beschäftigte auf »Sicherheit«. In: metall, Nr. 19 v. 15. Mai 1987, S. 19
77 Wer hinsichtlich von Datenmißbrauch seitens des Staates auf Datenschutz pocht, läuft ins Leere. Aus den Datenschutzbestimmungen sind im Bundesdatenschutzgesetz die Nachrichtendienste, die Behörden des Bundesministers der Verteidigung, das BKA, die Behörden der Staatsanwaltschaft und der Polizei sowie die Bundes- und Landesfinanzbehörden ausgenommen.
78 Vgl. etwa TAZ vom 1. 9. 1987, S. 9
79 Vgl. die feder, Heft 5/1987, S. 8
80 Wir treten in den Unruhestand. Mutlangen 1986, S. 30f.
81 Vgl. OMNI, Heft 12/1984, S. 86
82 Oswald Spengler: Der Untergang des Abendlandes. München 1979, S. 1189f.
83 Vgl. hierzu Otto Ulrich: Welche Zukunft wollen wir? In: Die Zeit, Nr. 18 vom 24. April 1987, S. 40
84 Vgl. Evers/Nowotny, a. a. O., S. 256ff.
85 Alle Zitate entnommen: Erich Küchenhoff: Recht auf Widerstand . . ., a. a. O., S. 88ff.
86 Vgl. Hans-Eckehard Bahr: Widerstand mit Witz und Wut. In: Die Zeit, Nr. 52 vom 23. 12. 1983, S. 9f.

Widerstand ist Menschenrecht

1 Vgl. hierzu: David F. Noble: Maschinenstürmer. Berlin 1986; und Rolf Peter Sieferle: Fortschrittsfeinde? München 1984; weitere Hinweise im folgenden Abschnitt über die Maschinenstürmer sind entnommen: Rolf Peter Sieferle/Hans Dieter Heck: Kampf gegen giftige Dämpfe und unehrsame Erfindungen. In: Bild der Wissenschaft, Heft 4/1986, S. 81–98; Dieselben: Maschinensturm. In: ebenda, Heft 5/1986, S. 109–121; Horst Steffens: Eine Blechmarke stiftet Aufruhr. In: ebenda, Heft 6/1986, S. 139–147; vgl. auch M. Henkel/R. Taubert: Maschinenstürmer. Frankfurt 1979
2 Sieferle: Fortschrittsfeinde?, a. a. O., S. 77
3 Vgl. Noble, a. a. O., S. 14

4 Sieferle/Heck, a.a.O., S. 121
5 Vgl. Noble, a.a.O., S. 26ff.
6 Zit. n. ebenda, S. 53
7 Dieses und die folgenden Zitate von Pflugschar-Aktivisten stammen aus persönlichen Unterlagen.
8 Vgl. Wir treten in den Un-Ruhestand. Mutlangen 1986
9 Zu erinnern ist hier vor allem an Vorgänge um die »Bundeskonferenz der Anti-Akw-Bewegung 1986« in Regensburg
10 Vgl. Geheim, Heft 1/1987, S. 17
11 Vgl. ebenda, S. 18
12 »Bevor das Leben unerträglich wird...« Neuss 1986, S. 68f.
13 TAZ vom 19. 8. 1986, S. 3
14 Vgl. Geheim, a.a.O., S. 19f.
15 TAZ vom 27. 8. 1986, S. 15
16 Vgl. Bauer: Widerstandsrecht..., a.a.O., S. 483f.
17 ebenda, S. 483
18 Vgl. Willibald I. Holzer: Politischer Widerstand gegen die Staatsgewalt. Wien 1985, S. 20ff.
19 Vgl. Widerstandsrecht. In: Evangelisches Kirchenlexikon. Göttingen 1962, Sp. 1805
20 Holzer, a.a.O., S. 17
21 Vgl. Widerstandsrecht, a.a.O., Sp. 1806
22 Vgl. Widerstandsbewegung, Widerstandsrecht und Widerstandspflicht. In: Evangelisches Staatslexikon. Stuttgart 1975, Sp. 2892
23 Ralf Dreier: Widerstandsrecht und ziviler Ungehorsam im Rechtsstaat. In: Peter Glotz (Hrsg.): Ziviler Ungehorsam im Rechtsstaat. Frankfurt 1983, S. 56f.
24 Vgl. Widerstandsbewegung..., a.a.O., Sp. 2896
25 Erich Küchenhoff: Ziviler Ungehorsam als aktiver Verfassungsschutz. In: Deutsche Polizei, Heft 9/1983, S. 29
26 Vgl. Jürgen Habermas: Die neue Unübersichtlichkeit. Frankfurt 1985, S. 85
27 Martin Kriele: Widerstandsrecht in der Demokratie? Über die Legitimität der Staatsgewalt. In: Basilius Streithofen (Hrsg.): Frieden im Lande. Vom Recht auf Widerstand. Bergisch-Gladbach 1983, S. 146
28 Vgl. Josef Isensee: Ein Grundrecht auf Ungehorsam gegen das demokratische Gesetz? In: ebenda, S. 165ff.
29 Vgl. Helmut Simon: Fragen der Verfassungspolitik. In: Peter Glotz (Hrsg.): Ziviler..., a.a.O., S. 99ff.
30 Vgl. Doris Janshen: Bilder vom Menschen. Zu Technik, Mensch und

Menschenrecht. In: Technik, Mensch und Menschenrechte. Sensbachtal 1986, S. 19

31 Vgl. Rede von Wolfgang Sternstein im Pflugschar-Prozeß vor dem Landgericht Stuttgart am 4. und 6. Februar 1985, Redemanuskript, S. 9f.

32 Vgl. Herbert Marcuse: Das Problem der Gewalt in der Opposition. In: Derselbe: Psychoanalyse und Politik. Frankfurt 1968, S. 62f.

33 Vgl. Karl Barth: Gotteserkenntnis und Gottesdienst nach reformatorischer Lehre. 1938

34 Widerstandsrecht. In: Lexikon für Theologie und Kirche. Freiburg 1965, Band 10, Sp. 1093

35 TAZ v. 5. 11. 1987, S. 3

36 In: TAZ v. 9. 5. 1987, S. 20

37 TAZ v. 8. 7. 1986, S. 16

38 Vgl. John Rawls: Theorie der Gerechtigkeit. Frankfurt 1975; Jürgen Habermas: Die neue Unübersichtlichkeit. Frankfurt 1985, S. 79ff.; Gernot Jochheim: Die gewaltfreie Aktion. Hamburg 1984; Ralf Dreier: Widerstandsrecht . . ., a. a. O., S. 67ff.; Theodor Ebert: Gewaltfreier Aufstand. Alternative zum Bürgerkrieg. Frankfurt 1970

39 Dreier, a. a. O., S. 69

40 Vgl. u. a. Jürgen Tatz: Zur Legitimität gewaltfreien Widerstands. In: Derselbe (Hrsg.): Gewaltfreier Widerstand gegen Massenvernichtungsmittel. Freiburg 1984, S. 92ff.

Begrenzung, Verantwortung, Standhaftigkeit – Mensch und Ethik in einer neuen Gesellschaft

1 Einige der folgenden prinzipiellen Überlegungen zur Ethik sind das Resultat einer Diskussion, die der Bundesverband der Deutschen Katholischen Jugend im Oktober 1987 in Haus Altenberg durchgeführt hat und an der als Ratgeber außer mir u. a. noch Wolfgang Petkewitz und Philipp Schmitz teilgenommen haben.

2 Vgl. Ernest Jouhy: Woher der Mut zum nüchternen Umgang mit politischer Bedrohung? a. a. O., S. 29ff.

3 Vgl. zum Begriff Biosphäre Arnold Toynbee: Menschheit und Mutter Erde, Düsseldorf 1979

4 Yona Friedman: Machbare Utopien. Absage an geläufige Zukunftsmodelle. Frankfurt 1978, S. 38

5 Vgl. zu diesen Aussagen über die Kommunikation Claus Eurich: Das verkabelte Leben. Reinbek 1980, S. 78f.

6 Vgl. Jacques Ellul: The Power of Technique and the Ethics of Non-Power. In: Kathleen Woodward (ed.): The Myths, a. a. O., S. 242–247

7 Zweifellos ist eine solche Rangfolge – absolut betrachtet – riskant. Ich betone deshalb ihre Gültigkeit für den hier entwickelten Argumentationszusammenhang »Überlebenskrise«.

8 Vgl. zu diesen Überlegungen u. a. Josef Huber: Anders arbeiten – anders wirtschaften. In: Derselbe (Hrsg.): Anders arbeiten – anders wirtschaften. Frankfurt 1979; Otto Ullrich: Ein Nein zur ›Verdatung‹ ohne jedes Ja? In: Fritz Kuhn/Wolfgang Schmitt (Hrsg.): Einsam, überwacht und arbeitslos. Stuttgart 1984, S. 178f.

9 Herbert Kubicek: Auch die Nachrichtentechnik hat ihren Schnellen Brüter. In: Frankfurter Rundschau, Nr. 233/v. 8. Oktober 1986

10 Vgl. hierzu etwa: Niklas Luhmann: Soziale Systeme. Frankfurt 1984

11 Zellentin, a.a.O., S. 96–121

12 TAZ v. 9.5.1987, S. 9

13 Richard Sennett: Verfall und Ende des öffentlichen Lebens. Frankfurt 1983

14 Vgl. Hans Rusterholz: Kleine Netze. In: Die tägliche Revolution. Frankfurt 1978, S. 109ff.

15 Vgl. Evers/Nowotny, a.a.O., S. 285

16 Vgl. Friedman, a.a.O., S. 153

17 Sieferle, Fortschrittsfeinde?, a.a.O., S. 240

18 In: Schillers Werke. Nationalausgabe, Bd. 21, Weimar 1963, S. 38

19 Elie Wiesel: In der Gefahr nützt Neutralität nur den Mördern. In: Karin Schunk/Rolf Walter (Hrsg.): Anstiftung zur Zivilcourage. Freiburg 1983, S. 26

20 Erich Fromm: Die Revolution der Hoffnung, Reinbek 1974, S. 53

21 Vgl. Herbert Marcuse: Repressive Toleranz. In: Wolff/Moore/Marcuse: Kritik der reinen Toleranz. Frankfurt 1966, S. 122f.

22 ebenda, S. 94

23 Vgl. Rudolf Steiner: Die Sendung Michaels. Einleitung zum Vortrag vom 7.2.1919, GA 194

24 Erich Fromm: Haben oder Sein. Die seelischen Grundlagen einer neuen Gesellschaft. Stuttgart 1976

25 Wolf-Dieter Narr: Technik und Menschenrechte – eine Skizze. In: Technik, Mensch und Menschenrecht. Sensbachtal 1986, S. 52

26 Vgl. hierzu auch Marianne Gronemeyer: Sicherheitsbedürfnisse und Lebensrisiko. In: Erziehen heute, Heft 3/1986, S. 2–5

27 Davon spricht im Hinblick auf die elektronischen Medien Imme de Haen: Enteignung des Erlebens. In: Medium, Heft 1/1987, S. 40

Widerstand ist nötig – Widerstand ist möglich

1 BVerfG 47, S. 378

2 Oskar Negt: Lebendige Arbeit, enteignete Zeit. Frankfurt 1984, S. 224

3 Vgl. Natur, Heft 11/1987, S. 9

4 Vgl. Robert Jungk: Whistleblowers – Widerstand im geheimen. In: Horst Heidtmann (Hrsg.): Mut im Alltag. Baden-Baden 1986, S. 210–212

5 Nachdruck 1973, II, S. 48

6 Vgl. u. a. TAZ v. 8. 4. 1987

7 So geschehen im Dezember 1987 in verschiedenen Redaktionen der »tageszeitung«. Vgl. TAZ v. 21. 12. 1987, S. 3 u. S. 17 (Hamburger Ausgabe) und v. 22. 12. 1987, S. 4

8 Bauer, a. a. O., S. 498

9 Vgl. dazu Eurich: Computer, neue Medien ..., a. a. O.

10 Claus Eurich: Computerkinder. Wie die Computerwelt das Kindsein zerstört. Reinbek 1985

11 Vgl. Bodo Franzmann: Wo sind die Pharisäer. In: Medien praktisch, Heft 2/1987, S. 51

12 Vgl. Vilém Flusser: Die Schrift. Göttingen 1987, S. 17

13 Vgl. Ivan Illich: Schule ins Museum. Phaidros und die Folgen. Bad Heilbrunn, 1984, S. 34

14 Vgl. Walter J. Ong: Orality and Literacy. The Technologizing of The Word. London 1982

15 Vgl. Theodor Ebert: Gewaltfreier Aufstand, a. a. O., S. 206f.

16 Die Ostern 1988 jung verstorbene Autorin, Ökologin und Feministin Christel Neusüß fragte anläßlich des Streik- und Verweigerungstages der Frauen 1987: »Woraus nähren sich denn die Herren, die das Zerstörungswerk betreiben, inzwischen selber eher Getriebene!?
– Zunächst sind das ja auch Menschen, in der Regel Männer. Die werden von ihren Frauen genährt, immer noch! Warum tun diese Frauen das denn noch! Gibt es bei ihnen keine Chance auf Einsicht?
– Die Herren nähren sich aus unserer Resignation: Du kannst ja doch nichts machen, es ist doch eh alles vergiftet!
– Sie nähren sich aus unserer Unfähigkeit zu sozialen Beziehungen: daraus, daß wir die Verkäuferin an der Kasse eben auch nur als Verkäuferin ansehen, daß wir die Fremdheit akzeptieren, mit der wir allenthalben aneinander vorbeigehen.
– Sie nähren sich daraus, daß unser eigener Maßstab von Vernunft immer noch das Geld ist. Und nicht die Lebensmittel. Deutlicher gesagt, daß wir lieber billiges Gift als teurere Lebensmittel kaufen.

– Sie nähren sich aus unserer Bequemlichkeit, aus der Mißachtung, aus der Nichtbeachtung, aus der mangelnden Pflege unserer eigenen Lebenskräfte, der Kräfte unseres Körpers, unseres Muts, unserer Vernunft etc.

– Sie nähren sich aus unserem Schuldbewußtsein, mit dem sie immer noch in uns verankert sind, wenn wir was gegen die institutionellen, wissenschaftlichen und sonstigen Anstandsformen, die Regeln und Gesetze tun wollen.« (TAZ v. 7. 4. 1988, S. 10)

17 Vgl. Maria Mies: Neue Technologien . . ., a. a. O., S. 211–229

18 Oskar Negt: Lebendige Arbeit, enteignete Zeit. Frankfurt 1984

19 Vgl. Eurich: Computer, neue Medien . . ., a. a. O.

20 TAZ v. 23. 1. 1988, S. 5

21 Die Kontaktadressen sind zu entnehmen: Berufsbezogene Friedensinitiativen. Marburg 1986

22 ebenda, S. 4

23 Interview mit Robert Jungk. In: Rüdiger Liedtke: Widerstand ist Bürgerpflicht. München 1984, S. 171

24 Vgl. Wolfgang Däubler: Ziviler Ungehorsam im Betrieb? In: Peter Glotz (Hrsg.): Ziviler . . ., a. a. O., S. 127ff.

25 Vgl. Wie sieht der Streik der Zukunft aus? In: TAZ v. 17. 11. 1986, S. 5

26 Vgl. Das Maß ist voll. In: Wechselwirkung, Nr. 16/1983, S. 12ff.

27 Leopold Kohr: Die Abschaffung des Individuums. In: Oskar Schatz (Hrsg.): Die Lust am Untergang. Wien 1985, S. 137.

Claus Eurich, geb. 1950, ist Professor für Journalistik an der Universität Dortmund; lebt in Münster. Veröffentlichte mehrere Bücher über Massenkommunikation, Neue Medien und die Computerisierung der Gesellschaft, u. a. *Das verkabelte Leben,* 1980; *Computerkinder,* 1985, und *Computer, Neue Medien und Kultur,* 1988.